ヤマケイ文庫

# 仁淀川漁師秘伝 弥太さん自慢ばなし

Miyazaki Yataro
Kakuma Tsutomu
宮崎弥太郎 語り かくまつとむ 聞き書き

Yamakei Library

目次

# 第1漁

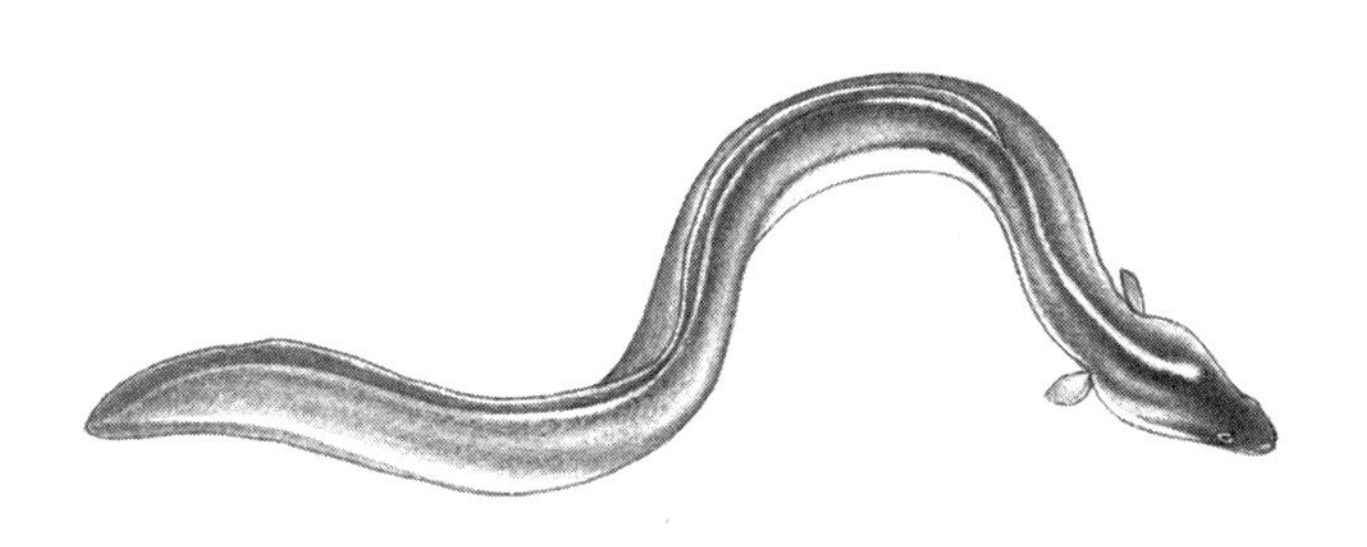

ウナギ。近年ようやく産卵場が特定されたが（グアム西方海域）、なお生態に謎を残す。川と海とを自由に行き来する天然のウナギは、稚魚（シラスウナギ）の乱獲や河川の環境悪化で激減、絶滅危惧種に指定。

## 川の端(はた)に生まれたというて、みな漁師になれるわけではないぜ

四国では吉野(よしの)川、四万十(しまんと)川に次いで長い仁淀(によど)川（流程１２４㎞）。宮崎弥太郎さんは、この中流部、高知県越知(おち)町に住んでいる現役の川漁師だ。

「弥太さんかい。この川であの人を知らん魚獲りはもぐりよ。エンコウの腹から生まれたような人じゃき」

漁の縄張りである越知町から河口の春野(はるの)町あたりまで、彼を見知った人に尋ねれば必ず返ってくる人物評である。

エンコウは猿猴と書く。仁淀川（高知県）筋でのカワウソの別名で、この種のあだ名は、昔はどの田舎でも漁(すなど)りの達者な男につけられてきた尊称だ。

さすがのエンコウたちも、今は副業なしに暮らしは立たない。本物のニホンカワウソさえ、生存に赤信号が点っているご時世である。宮崎さんも奥さんが雑貨屋を営み、その収入に川の稼ぎを合わせ、一家を養ってきた。

平成の川漁師は、岐阜の長良(ながら)川にしても、同じ高知県内の四万十川にしても、すべてといってよいほど兼業だ。だが、今も彼らの頭脳や指先を駆け巡っているものは、まぎれもない狩猟・漁撈・採集時代の血である。彼らが持っている自然情報の量と質、生き

物を手玉に取るワザの練度は、くやしいけれど、都会の自称ナチュラリストや、自称釣り名人など足元にもおよばない。

そんな弥太さんが半世紀にわたり従事してきた生業（なりわい）と、蓄えてきた知の資産を、これからじっくりと聞き取っていこうと思う。


そりゃあ、話がえらい大風呂敷になったのぅ（笑）。けど、かまんよ。あんたらみたいな遊びの人にまで技を隠すほど、この仁淀の弥太さんはケチな人間ではないけ。そらあ仕掛けにしてもエサにしても、これは抜群じゃ、よう獲れるという秘訣を発見したときには、人にはなるだけ内緒にしちょかないかんもんよ。漁師の世界は、昔から獲るか獲られるかの世界ぞね（笑）。

まあ、それにしても、この男は油断ならんというほんとうの川漁師は、仁淀でもいよいよ減った。越知ではだいたいわしひとりよ。それから下のほうに行たらタケウチという男がおる。あともうひとり、アユの火振り（ひぶ）り漁が上手な者がおったな。あの男も漁で飯を食いゆうろう。

3人。その程度のもんじゃ。あとは陸（おか）漁師というか、半プロよね。名義上は漁業協同組合員で、鑑札も持っちゅうけんど、漁はどっちかいうたらアマチュアの趣味、遊びよね。アユの時期には、投げ網や友掛け、玉ジャクリ、シャビキ（コロガシ）と、川に出てきてやる者がだいぶ多うはなるけんど、おおかた、仕事ではないわな。晩のおかずにはなっても、米のめしにはならん。漁師と遊び人の区分けいうがは、つまりそういうことよ。

仕事は何でも努力じゃと思うけんど、素質も大事よ。川漁師もそうじゃ。川を覗いた。魚が泳ぎよる。それを見て「ああ、おるな」いうようでは、漁師の資格はないぜ。どればあの速さで泳ぎよるがか。驚かしたらどこに逃げ込むか。何を食いよって、天敵はなんじゃろう。ほんで「どうやって獲っちゃろうか」。そういう注意力や工夫の考え、欲を子供のころから持っちゅう者だけが、漁師になれるということよのう。

それじゃき、川の端に生まれたからというて、みんなあが漁師になれるわけではない。とくに現在残っちゅうがは、漁が天職

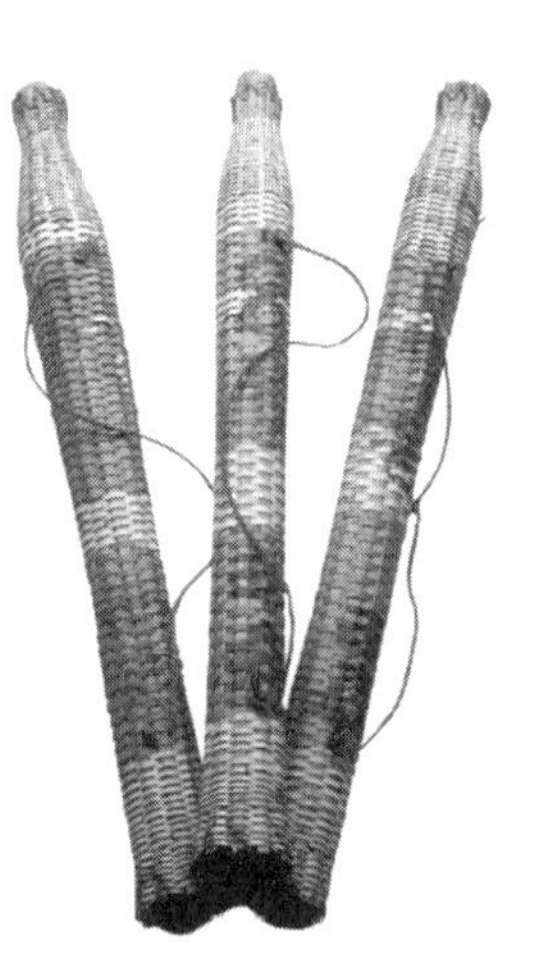

箱を発明するまで宮崎さんが使っていた編み込み式のモジ。長さ70×最大直径7㎝。モジは同じ流域でも土地土地で形が違う

と思うちゅう者だけよ。ともかく、漁師はいろんな生き物の習性と絡み（関係性）を知ることが第一。それさえわかったら強い。あとはココ（頭）の使いようだけよね。

## ウナギの大好物はミミズ。漁師はその採り方も上手でないといかん

川と生き物の話かね。それやった魚の種類だけあるぜよ。漁師じゃき（笑）。まずアユ……。わしらは〝アイ〟と発音するがね。それにツガニやろう。ウナギやろう。だいたい、これがわしの仕事の三本柱。いちばん好きながは何かいわれたら、ウナギよ。

この世でウナギ獲りばあ面白いもんはないぜ。これを覚えたら人間、歳をとることらあ怖うない。毎年、新年を迎えたら、はようウ

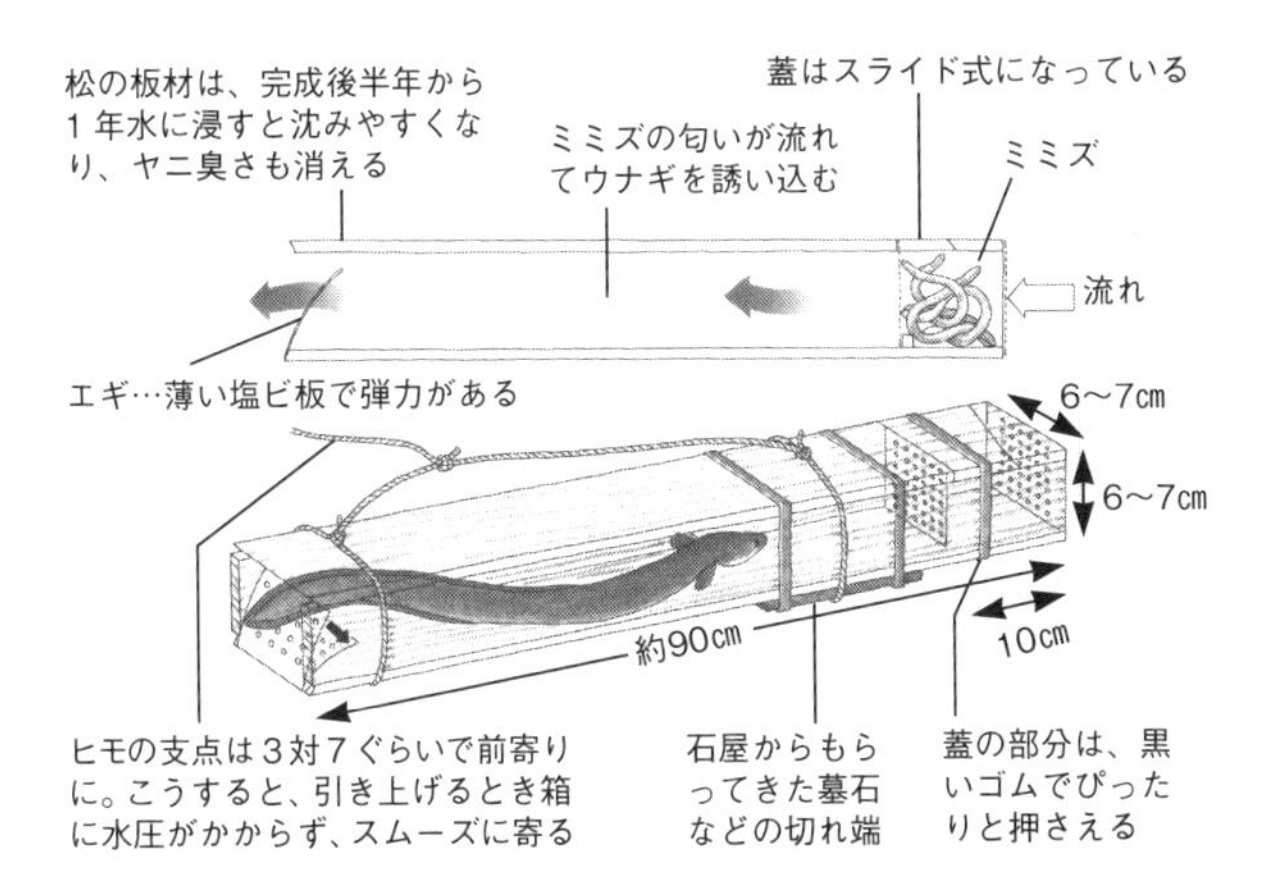

ナギが餌付く時期にならんろうかと、鳥のサギのように首を伸ばしゅう（笑）。

あんた、ウナギの獲り方を知っちゅうかね。置きバリ？　ああ、それもある。筒？　おう、それも使いゆう。ここらじゃモジというて、竹で編んだ細長いもんよのう。四万十川ではコロバシいう言い方もするろう。わしら子供のころは、編んだやつじゃのうて、割った竹を紐（ひも）で簾（すだれ）のように束ねたモジじゃったが、ウナギはちょっとの隙間でも逃げてしまう。それを防ぐがには編んだモジのほうが確実いうことになった。

モジにはエギという部品がある。竹を内向きに何本も折り込んで狭うして、ウナギがすみ込んだら（潜り込んだら）出られん、カエシよね。

ただ、モジを編むには手間がかかる。自分ではよう作らんけ、近所の器用な年寄りに頼むがじゃけんど、その年寄りらあもおらんようになったら、手間の相場もだんだん上がってきた。

モジ代にあんまりお金がかかるようでは困るがよ。ほんでわしは、あるとき松の板で細長い箱をこしらえてみたがね。これやったら自分が大工をすれば、簡単にこしらえられるけ。松の材というがは脂が多うて水には強い。何年浸けちょいても腐らん。

箱が使えるようになったがは、えい重しが見つかったこともある。石屋よ。墓石でも縁石でも、小さい切れ端があるろう。あれが重しにならんかと思うて、分けてもろうてつけたら、まっこと使いよい。黒いゴムを切って巻いたら、川底にピタッとひっつく。

竹のモジのころは、こんな便利な重しはのうて、川砂利を5杯ばあ手に握って中へ放り込んだもんじゃが、石屋の石に勝るものはないのう。

箱のエギの部分は塩ビの薄い板で、これも探したらただで手に入る。そうよ、元手はほとんどただだよ。今の言葉でいやあリサイクルぜよ。ほんで試してみたわけじゃけんど、これがよう入ったがよ。しかも大きいウナギが、竹のモジのときよりどっさりと。これに替えてもう15年ばあにもなるかね。

考えてみりゃあ、あれよ、モジのころは、あっちこっちの編み目から全部エサの匂いが抜けよった。箱に替わったら、エギの口に匂いを集中できるようになったというわけよ。鰻屋の換気扇じゃあ（笑）。蒲焼きの煙を道に沿うて流すようなもんよね。

箱に入れるエサにはいろいろあって、魚ではまずアユよのう。オイカワらカマツカらも悪うはない。川ではゴリらあもシマドジョウも食いゆう。しかし、なんというてもいちばんえいがはミミズよ。ウナギにはミミズばあ効くエサは、そうないじゃろう。

わしらの使うミミズは、堆肥（たいひ）におる赤うて細いシマミミズやなしに、草藪（くさやぶ）や、野菜屑の捨て場、竹林らあにおる太い茶色いミミズ。そうそう、ドバミミズいうやつよね。まさしくあのミミズのおる場所は土場よ。山におる紫色でまっと太いがはカンタロウとゆうて、あれはまた別の種類よのう。あれもえい。

なんで川のウナギが、陸のミミズのようなもんを好んで食むかというたら、やっぱり、日ごろから味を覚えちゅうきじゃろう。ミミズは、いつも土の中におるわけではないがよ。棲みゆう土の中がいやになったら、すんぐに引っ越しをするがぜ。大雨が降って土が水浸しになったら、苦しがって出てくる。逆に日照りで土がカラカラになったら、湿ったところを探し求めて動いていく。

そういう、ミミズのよう歩き回る時期がウナギの本番よ。夏、コンクリートやあ道路の上で、ようミミズが干物になっちゅうろう（笑）。あれは、新しい場所にたどり着けんかったミミズらあよ。苦しがって土から這い出たミミズの中には、溝に落ちて流されたり、岩の張り出したところから直接大川へ落ち込むもんもおる。陸の生き物と川の生き物は、

モグラになったつもりで棒を動かすと、ミミズが驚いて地上に飛び出す。とくに硬い土の上に草を積んだような場所は、モグラに襲われることが少ないためミミズが多く、上にしか逃げる方向がないので、たくさん採れる

そうやってつながっちゅうわけよ。

　ボタボタと落ちてくるミミズを食い初めたら、もうウナギはそこを食堂じゃと覚え込むがじゃ。やき、岸の地形を見て、ああ、この山は、照り込んだら草の根の間からミミズが降ってくる。落ちたら、あの淵に巻かれるはずやけ、この向きに箱を仕掛けたら必ずウナギは入る――そういうことを考えんといかん。

　生き物の知恵をそのまま横取りするというががわしの仕事じゃ。考えてみたら、人間というがはあこぎなもんよ（笑）。

　あんたら、釣りでミミズを採るときは、いつもどうしゆうかね。ほう、鍬で掘るかね。で、採れるかよ。そうよのう。土のところにおる太いミミズは、案外にすばしっこい生き物で、すぐに頭を引っ込めよるろ。力まかせで掘ったら切れるじゃろ。

後ろがミミズの“ファーム”。手に提げているのは箱に小分けするときに使うエサ入れで、昔のご飯ジャーの内容器。穴があいていて蒸れず、１週間ぐらいはここでも元気に飼っておくことができる

わしはこのミミズを、そのへんの棒1本で採るがぜ。30分もあったら500匹や1000匹ばあ軽かろう。そうかね。信じられんかね。なら今からちょっと見せちゃろう。

案内されたのは、ダイコンやサトイモの屑、刈った雑草などをうっちゃった畑の隅の空き地。弥太さんは、足元に転がっている長さ1mほどの木の枝を拾い、いったん土中20cmあたりまで差し込んで、地面と平行にゴソゴソと動かしはじめた。

すぐにたいへんなことが起こった。あの警戒心が強くて敏捷なミミズが、トコロテンを押し出すように地表へ飛び出してきたのだ。半身を宙にのけぞらせ、あたふたと地上を歩き回る。1匹2匹ではなく、その数、半径50cm内に10数匹。

今度は1mほど横で棒をゴソゴソと動かす。すると、またゾロゾロと飛び出してくるという具合で、瞬く間に100匹ほど空き缶に集めてしまった。まるで手品のような光景であった。

これがわしらが子供のころからやりゆう採り方よ。そうかね。はじめて見るかね（笑）。まだ今日らは少ない。多いときは、1回つつくだけで50匹も60匹も出てくるきに。

わしは、このやり方を親父から教わった。親父はそのまた昔の大人から教わったもんじゃと思うがね。この採り方は高知県の田舎ではわりあい一般的やと思うが、まあ、最近はウナギ獲りする者もあまりおらんけ、忘れられちゅうかもしれん。

棒1本で採れる理屈かね。簡単なことよ。ミミズは何を嫌うかね？　モグラよな。この棒は、つまりモグラじゃ。モグラが畑を荒らすがは、野菜に悪さするつもりじゃのうて、土の中のミミズや虫を食うためよ。偉いもんじゃ。ミミズみたいな生き物はたいして脳みそもなかろうに、モグラの怖さを本能的にわかっちょって、下から振動がしたらどこへ逃げたら身が守れるかを知っちゅう。

つまり「モグラぞ、モグラぞ」と追い上げるわけよ。誰の発明か知らんけんど、これはどえらい知恵ぜ。これでウナギがどっさり獲れるがじゃき、海老で鯛を釣るどころのうまい話ではないぞね（笑）。わしらの漁は、たぶんあんたらの遊びの釣りよりも、お金がかからんじゃろう（笑）。

## 匂いだけで寄せる方法を考えて、水揚げがうんとあがりよった

1シーズンのウナギの水揚げは、少ない年で150kg。多い年は250kgもいきよるじゃろか。

これ、みんなミミズでの成果よ。

考えてみたら、ミミズというがはいろんな意味で役に立っちゅう生き物よね。ミミズの

どっさりおる土は、ほくほくしちょって、わしら田畑の素人から見ても肥えたえい土じゃ。

ところが今の百姓らあは、地面の下でのミミズの役割を知っちゅうか知らんかわからんけんど、まあ、草取りの手間が省けるいうことで、どんどんどんどんと農薬を撒くわね。ミミズはモグラも嫌いじゃが、何をいちばん嫌うかというたら、農薬よ。除草剤を撒いたところからは、あっという間に逃げていきよる。

やき、こんな田舎でも、ミミズが一度によう採れる場所というがは、今は案外少ないがじゃ。えい場所は競争よ。とくに土用の丑間近は、遊びでウナギを獲る者も増えるけ。

皮肉なことに、ウナギがよう売れる時

仕掛ける箱の数は80本から100本。1本あたり4～5匹のミミズを入れるが、1匹たりとも食べさせず、ウナギに味わわせるのは匂いだけ。弱ったミミズはまた育てて再登板。完全無欠の循環型漁業

期というがは、いよいよ暑い盛りじゃ。ミミズもあちこち散ったり、深いところへ潜って採りにくい。

草も伸びごろで作物の病気も出る時期じゃき、百姓も薬を撒くろう。ほんじゃき、よけいおらんようになるがよ。けんど、わしらは本職じゃけ、漁に出んわけにはいかん。ほんで始めたのがミミズを飼うことよ。


案内されたミミズの〝ファーム〟は、4畳半ほどのスペースのコンクリート枡だった。中はふたつに仕切ってあり、壁面は高い。見たところ、金魚のイケスか、農家の堆肥置き場のようである。

底には腐葉土と枯れ草がたっぷり敷き詰められ、上には雨が吹き込まない

エギ（ウナギの入り口）。以前はここからミミズを直接投入した。ウナギの入る確率は高いが、エサのロスが多く、手間がかかった

箱の前端にミミズを入れる仕切りをつけてから、漁の効率が上がり、ミミズの消費量も少なくてすむようになった

よう簡単な屋根を葺いてある。壁に、ネズミ返しのような〝ミミズ返し〟を設けているのも、養魚イケスとの違いである。弥太さんが、棒を差し込んでゴソゴソ動かすと、無数のミミズが一斉に飛び出してきた。

とにかくミミズは、ちっくとでもそこが気にいらざったら、這うて出ていってしまうきね。いま、大阪に行っちょった弟が定年で戻んて来とってわしの助手をしゆうが、これがあるとき失敗をやらかしてのう。自分で飼うがじゃというて、囲いをつけたまではえいが、底をつけちょらん。

「そがな横着はいかんぜ。モグラが来るぜよ」というても聞かん。まあ、それも勉強やけ、ひと通りやらせてみようと思うて見よったら、案の定、すぐにモグラに入られて、みな逃げられてしもうた。

あんたらも、年寄りの忠告というがは、よう聞かないかんぜよ(笑)。

ところで、知っちゅうかね。ミミズは水中で呼吸ができるがぜ。1週間ばあ川の中に浸けておいても死なん。箱に入れたミミズは、流れがあったら元気なもんよ。水が動きよったら、魚みたいに酸素が摂れるがやろう。

たしかに、あんまり長い日数浸けちょいたらミミズも弱ってくる。けんど、それはエサを食べちょらんきじゃ。ほいで箱を上げるときに中の様子を見て、弱っちょったら元気な

匂いさえ効率よく流れれば、意外な場所でもウナギは入る。障害物やヤナギの木などがあればなおよい。止水域はどんなにいい隠れ家があっても入らない。エサのミミズが死ぬのと、匂いが拡散しないからだが、ウナギ自身も低酸素に弱く、流れのない場所を嫌う

弥太さんにしてやられたウナギたち。「ウナギは魚の中でも賢い。だからこそ、もう少しだけ賢い人間にたやすく騙される」と笑う

もんと差し替えるがじゃが、そのとき弱ったミミズは捨てんと、また持って帰るがよ。エサがたっぷりあって、天敵のモグラもおらん場所でしばらく飼うちゃったら、また元気に太りゆう。

死なん限りは何度でも再利用できる。使い捨てるよりか、このほうがよっぽど効率がよかろう。弱ったきぃうて川に投げて帰ってくれば、その数だけ、また自分がミミズば掘らないかんちゅうことじゃきね。


箱の頭にミミズを入れちょく仕切りをつけはじめたがは、ほんの4年ほど前じゃ。箱を発明してしばらくは、その工夫は考えつかざった。それまでは入り口のエギのところからミミズを直接中へ放り込んで、そのまま川に浸けちょったがね。

これでもまあ、ウナギは獲れた。匂いにつられてウナギが寄るろう。ほんで、エギを押して入ってミミズを食む。ミミズの匂いは、ウナギにとってニンニクの匂いのようなもんよ。

パクッパクッと食らいつくたんびに、えい匂いが外に流れて広がる。それがまた呼び水になって、ひとつの箱に2匹、3匹と入ることも多い。

そんなわけやき漁自体の効率はえいんじゃが、ミミズがそう簡単に採れんようになってきたろう。毎回ウナギに食わしよったら、ミミズ採りにばっかり時間が追われて、漁をする間が減るがよ。

何かえい方法はないかいうことで考えたがが、いま使いゆうネットの仕切りよね。ミミズの匂いだけを嗅がせて誘う。これはどうやと。

やってみたら、ウナギの入る確率はさほど変わらんことがわかった。なにより、ミミズがみんなピンピンしちゅう。エギから直接入れよったときは、隙間から流されたり、箱の外で食われちゅうこともあったけんど、その損ものうなった。

この新工夫の箱を、前の日の夕方に浸けて翌日の朝に揚げるろう。ウナギが入っちょってもミミズは仕切りの網に守られちゅうけ、食われとらん。脱走もできんけ、ずっと元気におる。用事があって揚げに行けん場合でも、3～4日は浸けっぱなしで心配ない。かえって、そういうときはよう入っちゅうもんぞね。

もうひとつ、ミミズを仕切りに入れるようになってようなったことは運搬じゃ。エサを食（は）んだウナギを車で運んだら、弱るが早いがよ。腹が空っぽの魚のほうが、運ぶときの死亡率は低い。ウナギは逝（い）ってもうたら、ひとつも価値がない魚じゃき、これも副産物というやつよね。

今、わしのように箱を使うようになった者も多いけんど、仕切りの工夫は知らんと思う。まだエギからミミズを直接放り込みゆうろう。

## 大事なのは仕掛ける場所。田んぼに店を開いても客は来んじゃろう

仁淀のウナギは、昔から孟宗竹に青い枝が見えるころが餌食み始めじゃといわれてきた。5月の末から6月の頭。それまでもおることはおるが、箱にはあまり入らなあね。初期は河口の春野町あたりまで船を持っていって仕掛ける。塩気でミミズが溶けるがやないかと心配になるばあ海の端じゃが、水温が高いけ、ウナギの動き出しも早いがよ。水が温うなるごとに漁場は上流になって、6月も半ば過ぎれば伊野町あたり、梅雨明けになったら上流の越知あたりでも入るようになる。

箱には10月の末から11月までも入るが、ウナギは夏の季節もんじゃき、わしは遅うまではやらん。秋はカニ（モクズガニ）で忙しいきね。

箱を仕掛ける場所かね。そりゃあいろいろよ。やみくもに数放り込んでも、ウナギはまず入らん。そうバカな魚ではないぜよ。まず大切なことは、仕掛けの向きよ。匂いで寄せるがじゃき、前後逆さまにしたら、まず入らん。

そこがエサ場か住処の近くかいうことも条件よね。店を開く場所を考えてみりゃあわかることよ。人の暮らしには道というもんがあって、賑やかな場所も決まっちゅう。田んぼの中に店を作っても、客はわざわざ来んろう。

エサ場に仕掛けたほうが確率が高いがか、それとも住処を狙ったほうがえいか。これは水況次第じゃ。

増水の時はエサ場狙いが基本よねえ。水かさが増えたらば、それだけミミズじゃ、カエルじゃとエサが流れて来よる。ウナギはそれを知っちょって、水が増えるととたんに食いが荒うなる。その食い気が刺激になって、行動範囲もうんと広がる。

ただ、増水時は箱を流される心配も多い。とくに土用丑の1週間ばあは、大水が出るき気をつけろと昔からいわれちゅうばあよ。実際、この時期はよう水が出よる。けんど、ウナギ漁には、それこそ値はえい、量は獲れるという最高のチャンスよ。

仕掛ける場所は、前にもいうたように、基本的にはエサが流れてきたときに溜まりやすい場所よね。わしが注意しゆうがは水の巻き具合。深うなって、壁に当たった水がよれて巻いちゅうところが絶好よ。

それと、岸の縁も見逃せん。大水のときは、明くる日になったらもう干上がるような浅場にも出てきて、どんどんエサをあさりゆうけ。

ウナギにしたら、水をかぶった田んぼや畑は食料品店よ。ミミズが嫌がってみんなあ水の中に出てくるけ、食べ放題じゃ。それやけ、わしの若いころは、大水が出たら水をかぶった畦道(あぜみち)みたいなところにも仕掛けたもんじゃった。次の日、干上がった畦にモジがぽつんと取り残されちょって、拾い上げたら中でコトコト音がしゆう。もちろんウナギよ。

そんなことが何度もあったぞね。

平水（へいすい）のときも、エサ場というのは基本よね。それに隠れ家が近ければなおえい。ことに水温が低かったり、渇水で水の動きが悪いときは、ウナギが潜んじゅうすぐ近くに仕掛けんと、なかなか入りにくいわね。

ウナギが好んで棲むがは、淵でも瀬でも、まず大きな石のまわり。石組みの護岸も、間に穴がようけあって、昔からウナギの付き場よね。テトラポッドもえいし、木が沈んだところ、木の葉が積もっちゅうようなところもウナギがよう隠れる場所よ。

ヨシやヤナギの根っこの際（きわ）も、おるところじゃ。こういう場所は隠れ家でもあるけんど、エサ場にもなっちゅう。覗い

ウナギの活性は、干満の影響を受けない上流部でも、月と密接な関係があるのでは、と弥太さんはいう。満月前後に仕掛けた箱には大物がよく入るという傾向がその根拠

て見るとわかるが、いつもひげ根に虫やエビ、小魚が付いちゅう。それにウナギが誘われる。「柳の下にいつもドジョウはおらん」というが、ここらの者はあの諺を笑うきね。「柳の下には2匹でも3匹でも獲物がおるぞ」いうてね。

## 食うてうまいがは、石ばかりの底より泥底で育ったウナギよ

うまいウナギの見分け方かね。そうよのう、第一は体型よね。サイズの大小も味には多少関係するけんど、まずはよう肥えちゅうことよね。自然の川で、自然のエサをどっさり食べて肥えたウナギは、そら、あんたらも食うてみりゃわかるけんど、なんともいえんほどうまいものぜ。

ウナギが肥えるがは梅雨から秋。ただ、小さいウナギは肥えはじめるがが遅うて、痩せるのも早い傾向にある。梅雨明けから夏場いっぱいは、どんな大きさのウナギも肥えて味がようなるもんじゃが、こまいやつは、秋口に入ったら体の脂が急にのうなって、味が落ちよるわね。

産卵のために川を下るような大きいやつは、秋まで荒食いしよる。旅の体力をたっぷりつけんといかんけね。そういうがは旬も長いのう。

けんど、ウナギの味というがは、棲む場所にも左右されるがよ。たとえば仁淀川には柳

瀬川と坂折川という支流がある。柳瀬川はまわりが田んぼで、泥の多い濁り加減の川じゃ。もうひとつの坂折川は、きれいな石ばっかりの清流よ。

獲れるウナギの色も、柳瀬川のは黄緑ふうな色、坂折川のはどちらかいうたら茶黒いわね。顔つきも違うきね。柳瀬のような沼っぽいところのはリンズいうて、こう、鼻がツンと尖っちゅう。坂折のような清流のウナギはガニクイ（蟹食い）いうて、頭が大きいわのう。

アユの場合、食うてうまいのは断然水の澄んだ坂折川よ。けんどウナギは、泥っぽい柳瀬川のほうがえいぜよ。坂折川のウナギは身が硬い。エサが少ないのか、流れが速うて水も冷たいせいか、ガニクイは脂が少ない感じがするねえ。

面白いことに、柳瀬川と坂折川ではウナギの生命力も違うがよ。獲ったウナギを籠に入れて河原に揚げちょくろう。そこに雨がナチナチ、ナチナチと当たる。柳瀬のウナギはなんちゃないが、坂折のは2時間も雨に当てると半分ばあ死んじゅうけ。

そんなに弱いがかという？　そうじゃ。雨水の酸い甘いの成分が体に障るがじゃろうが、きれいな水で育ったウナギばあ水の変化には弱い。濁ったところのはどうもないがね。

わしの経験では、だいたいウナギゆう魚は泥っぽいところのもんのほうがうまい。そればあ水に栄養があるんじゃろうな。けんど、この泥いうがは、下水とか工場廃水の汚い濁りとは意味が違うきね。ヘドロ底のウナギは泥臭うていかん。

ダム湖のウナギも、味はさほどようないね。昔、この上の野老山（ところやま）にあるダムで面白いばあ獲れたがじゃけんど、身がシャクシャクしちゅういうか、人でいうたらブク太りよね。焼いたら身が溶けてちっとも味がせん。量は獲れたち味に値打ちがないきに、じきやめたがね。

業者に人気があるがは、だいたい5〜6本で1kgばあの大きさよね。結局は好みじゃ思うが、わしはどちらかというたら、1本で1kgばあもあるような、大きいウナギが好きやな。長さでいうたら80cmも90cmもあるがよ。大きいウナギは大味じゃいう者もおるが、なかなかどうして、料理のしようによっては、これほどうまいもんはない

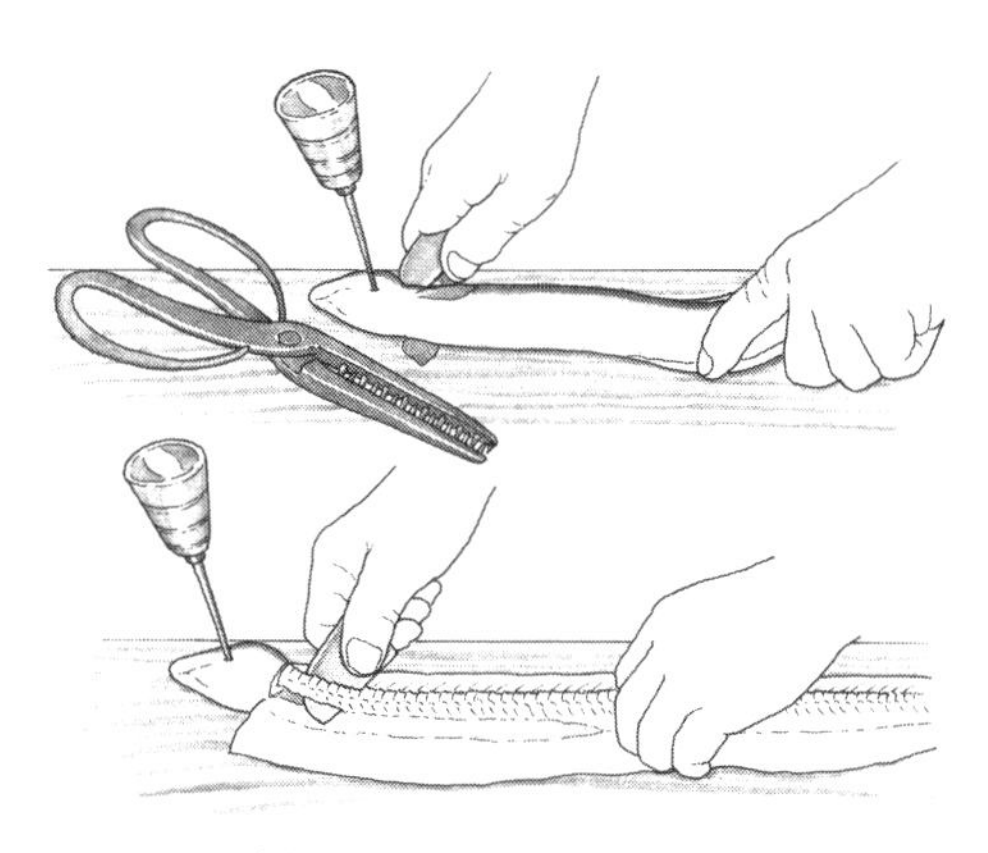

弥太さんのさばき方。鋲（びょう）のついたウバサミ（ウナギ鋏（はさみ））で有無をいわさず捕まえたら、エラ蓋の後ろに目釘を打ってまな板に固定。背ビレに沿って包丁の刃をすすめて開き、内臓を取ったら中骨をはずす。その間、約20秒

ぞね。

　開き方は背開き。関西の本職の鰻屋のような腹開きはようせんね。関東では、腹開きは切腹を思わせるけやらん、という話を聞いたこともあるが、ここらは、そういう縁起とは関係なしに昔から背開き。これがいちばん楽な方法じゃな。

　ついでにウナギを押さえる簡単な方法を教えちゃろう。あいつらをまともに握ろうと思うたらいかんぜ。力を入れるばあ滑って、落語でやないけんど、行き先はウナギに聞いてくれちゅうことになるけ（笑）。コツはウナギを入れた桶に氷をどっさり入れること。それだけよ。するとあればあ暴れよったウナギがピタッ

弥太さんがさばいて奥さんが焼く。天然ウナギといえば今や超高級食材だが、豊かな川のほとりに住む漁師の家では、まだ総菜感覚だ

と動かんようになる。

　ウナギを料理するときに注意せにゃいかんがは、血とドベリ（ぬめり）を口や眼に入れんようにすることと、よう火を通すいうことじゃな。生のウナギは体にようないらしいし、なにより焼けきらんウナギは味が渋いけ。口がゲジゲジして、せっかくの天然ウナギの値打ちが台無しになってしまうきね。この渋みのせいか、さばきゆうときに、血やドベリがちょっとでも眼に入ったら、たまらんばあ痛いぜよ。

　開いたウナギは、まず七輪の網の上で身側から白焼きにする。皮から焼くと、巻き返るきね。うちはとくに串を打たん。箸で返しても、天然のウナギは身がしっかりしちゅうき、割れるちゅうことはまずないの。

　皮から脂が落ちて炭の上で火がポンポンはぜるようになったら、タレで煮る。わしが甘党なもんやけ、うちのタレはあんたらが店で慣れちゅう蒲焼きの味より甘いかもしれん。まず、鍋に砂糖を入れるわね。次に、その上に醤油をチャーッと走らせる。それだけやったらシャリシャリで水気が足らんので、味醂（みりん）を足して火にかける。ほんなら、とろりとした黒蜜のようなタレになるがね。

　このタレに大きい白焼きを放り込んで煮たがが、いちばん好きじゃね。もちろん、普通の大きさのウナギの場合は、白焼きの上にタレを塗って、蒲焼きにして食べるがやけどね。

## ひとつのモジにギッシリと15本のウナギ。生涯最高の漁じゃった

一日3食、毎日ウナギばっかり食いよった時期もあるのう。あれは昭和30年ごろ、わしが20代の時分じゃった。佐賀(さが)町の伊与木(いよき)川いう、窪川(くぼかわ)の南にある独立河川じゃけんどね。毎年夏は、越知(おち)からそこまでウナギ獲りに遠征しよったがよ。土讃(どさん)線と県交通のボンネットバスを乗り継いで、自転車にモジ（ウナギ筌(うけ)）を50ばあくくって持ち込んでね。空き家も近くに一軒借りちょった。

そのころは、まだどこの川にもウナギがようおったんじゃが、この伊与木川には、珍しいことに昔からウナギ獲りいう習慣がない。あるとき橋脚の上に、わしが沈めちょいたモジがポツンと乗っちゅう。誰ぞ悪さをしたかと思うて見たら、中にウナギが入っておる。どうも盗(と)るために上げたがではないようじゃ。

そしたら近くの百姓が「おまんが何かしちゅうき、気になって覗いたらそれやった。よう元どおりにせんきに上に置いたがやが、こんなもんでウナギが獲れるがかね」と声をかけてきた。「エサは何よ」と重ねて聞くので、ミミズじゃと答えたら、「へえ、ミミズでウナギが獲れるかよ」と驚いちょった。川端に、何十年と住みゆう年寄りがぜよ。

そんな土地柄もあってか、ウナギはようおった。あんまり重いき、てっきり子供らが

悪戯（わるさ）して石を詰めよったなと思うたら、ウナギじゃったこともある。数えたら15本入っちょった。ひとつのモジでは最高記録よ。

いま、箱漁での確率はだいたい3割から6割よのう。100本沈めて最低30匹は入ってないと川漁師とはいえん、と自分では思っちゅう。春先で3割、夏の最盛期で5～6割。毎日漁ができるわけやないけ、これればあ獲れんと割に合わんのじゃが、伊与木に通いよった当時は10割どころか、多いときは30割からの漁があった。ひとつのモジに3匹4匹と入るがは当たり前で、50仕掛けて150匹ばあ入りゆうこともしょっちゅう。空振りのモジは1割ぐらいじゃったね。

川漁師には天国みたいな時代よ。わしの今の家は昭和41年に建てたが、当時、作業に来よった日雇いの職人の日当が、たしか何百円かじゃった。その時分、ウナギ1貫目（3・75kg）は、5000円しよったきね。伊与木では毎日1～2貫ちゅうがが、自分へのノルマじゃった。半年働いたら、あと半年は遊んで暮らせる時代じゃったわね。

ただ、仕事はえらいぜよ。重いウナギを駅まで自転車で運んで、貨物で家へ送る手続きをしたら、また取って返して川へ行く。ゴミ捨て場でエサのミミズを採る。へとへとじゃ。最初のころは、炒めたキャベツに花節（花鰹）程度のおかずで飯を食べよったがじゃけんど、重労働で体がもたんけ、獲ったウナギを食べることにした。売り物にならんような細（こま）いがばっかり、朝昼晩、朝昼晩と毎日食べた。そうよの、日に500匁（め）ばあ食べよったかな。2kg弱よね。
さすがウナギぜよ。2日も食べ続けたら、精がつくというか、こう、体の底から元気が回復してくる。わしら川漁師にとっても、ウナギは夏場欠かせん栄養源じゃったのう。

昔話をうかがいながら、水揚げしたばかりの仁淀川のウナギをごちそうになる。ひとくち食べて、そのうまさに唸った。都会の鰻屋の蒲焼きとはひと味もふた味も違う。身に濃厚な魚の味、香りがある。養殖ウナギを、繊細な焼きの技やタレの秘伝で引き立てる本職の蒲焼きとは、まったく別次元の味。素のうまさといえばよいか（というより、これが本来のウナギの味なのだが）。
弥太さんは、よい機会だから比べてみなさいと、養殖ウナギも一緒に焼いてくれた。これも箱で獲れたもので、漁協が半年ほど前に放流した個体だそうである。そのウナギは仁淀川で自然のエサを摂るようになってずいぶんたつのに、背は青黒く腹も真っ白。天然ウナギが背や腹に黄色みを帯びているのとは明らかに違うばかりか、味もずいぶん違った。

どうかね。鰻屋の蒲焼きと同じ味がするろう。そうよ。養殖ウナギを川に放したところで、すぐに天然の味にはなりゃせんがよ。そりゃあ1年、2年とたったら味も変わるじゃ

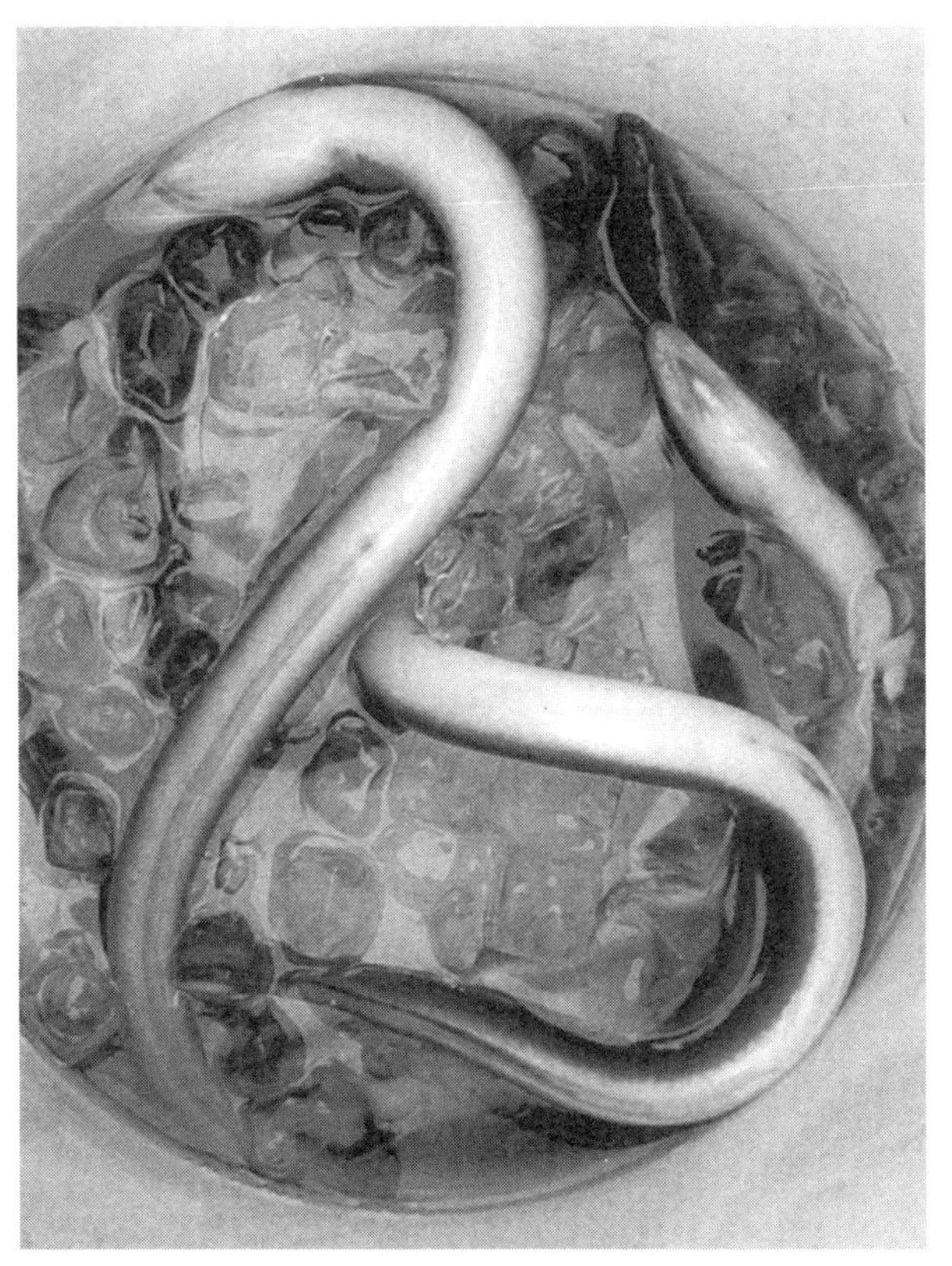

ウナギを暴れさせないようにするには、氷の中へ入れるのがいちばん。おとなしくなったところで、目釘を打って割く

ろうが、その前に、自然の中で生き残れるかどうかっちゅう問題もあるわね。

養殖物といやあ、仁淀ではたまにフランスウナギも獲れるぜ。ヨーロッパウナギいうがかね。昔、県が放流したことがあってのう。尻尾の短いおかしな格好のウナギじゃ。

わしらにいわせたら、ウナギの放流らあ、せんでえいよね。あれらの元は何かというたら、全部、天然のシラスウナギやき。海から遡上するがをすくうて養殖業者に売る。池で太らせたもんを、今度は県や漁協が買うて資源維持、増殖義務やいうて川へ放す。

こんなムダな話はないわな。ほんとうに資源いうものを維持したいがやったら、まずシラスウナギ漁を規制することじゃろう。小学生でもわかる理屈よね。下で稚魚を獲り尽くして、形ばっかり養殖ウナギを放して帳尻を合わせる。バカげたことよ。

## このへんの子供らは「ヒゴ」でウナギと遊ぶのが夏の日課じゃった

今、ウナギはもっぱら箱で獲りゆうが、人は知恵の動物とはよういうたもんで、商売としての効率さえ考えんでよけりゃあ、この魚と遊ぶ方法は、ほらあ、ようけある。

若いころにようやったのがツケバリよね。１尋（約１・５ｍ）おきに半尋ほどの先糸を20本ほど結ぶ。それが１連。いわゆる延縄よね。両脇に石を結んで、流れの少し緩んだようなところにひと晩浸けちょくわね。全部で15連、ハリ数でいうたら、３００ばあも浸けちょったろうか。

使うハリは少し内を向いちょってね、そこへハエ（オイカワ）をぶつ切りにして刺しちょくがよ。おう、アユもええエサになる。あったら使うけんど、手っ取り早さではハエよね。あの魚は蚊頭（かがしら）（毛バリ）を振ったらなんぼでも釣れるけ。太いカンタロウミミズがおるときは、これを切って使うてもえいのう。

ツケバリで注意せにゃならんのは時間よ。日が暮れてからポンと放り込むのはかまわんのじゃが、明るい間に仕掛けたら、ハエやらイダ（ウグイ）がうるそうて、みんなあエサをボロボロにするき。

確率は、まあ1割止まりやね。300本仕掛けて20本も食いついたら上等。1匹平均50匁（め）（約190g）として、1貫目（3・75kg）いうががツケバリでの目標じゃね。箱より率はようない。それに掛かりどころが悪いと、すぐに死ぬるがツケバリの欠点よねえ。

あんたら、ウナギいうがは水の外に出しても、刃物で割いてもクネクネと動きよるけ、よっぽど生命力の強い魚と思っちゅうろう。ところがね、これはアユでも一緒じゃが、エラの付け根から胸ビレのすぐ下ところまでは、どんな魚でも大事な器官のある急所ながよ。

ここにハリが掛かったら一発で弱る。ことにツケバリは確実に呑ませて獲る漁じゃき、上げたら棒になって死んじょった、あるいは糸がキリキリと巻きついて白うなっちょった、いうこともかなりある。そういうことを考えたら、罠式の箱のほうが都合がえい。ほんでツケバリはやらんようになったんじゃけんどね。

そうそう、仁淀のウナギ釣りで忘れてならんのがヒゴ釣りよ。今みたいにテレビもゲームもない子供時分、遊びいうたら、ここらじゃまず川行くことで、男の子なら一度はやるがが、このヒゴ釣りよね。

まず、竹を割って細いヒゴをこしらえる。それにモドリのないウナギバリをくくる。エサはミミズよ。ヒゴのケツからミミズを刺したら、ハリのところまでたくし上げる。それだけのもんじゃが、これがまたようできた知恵の

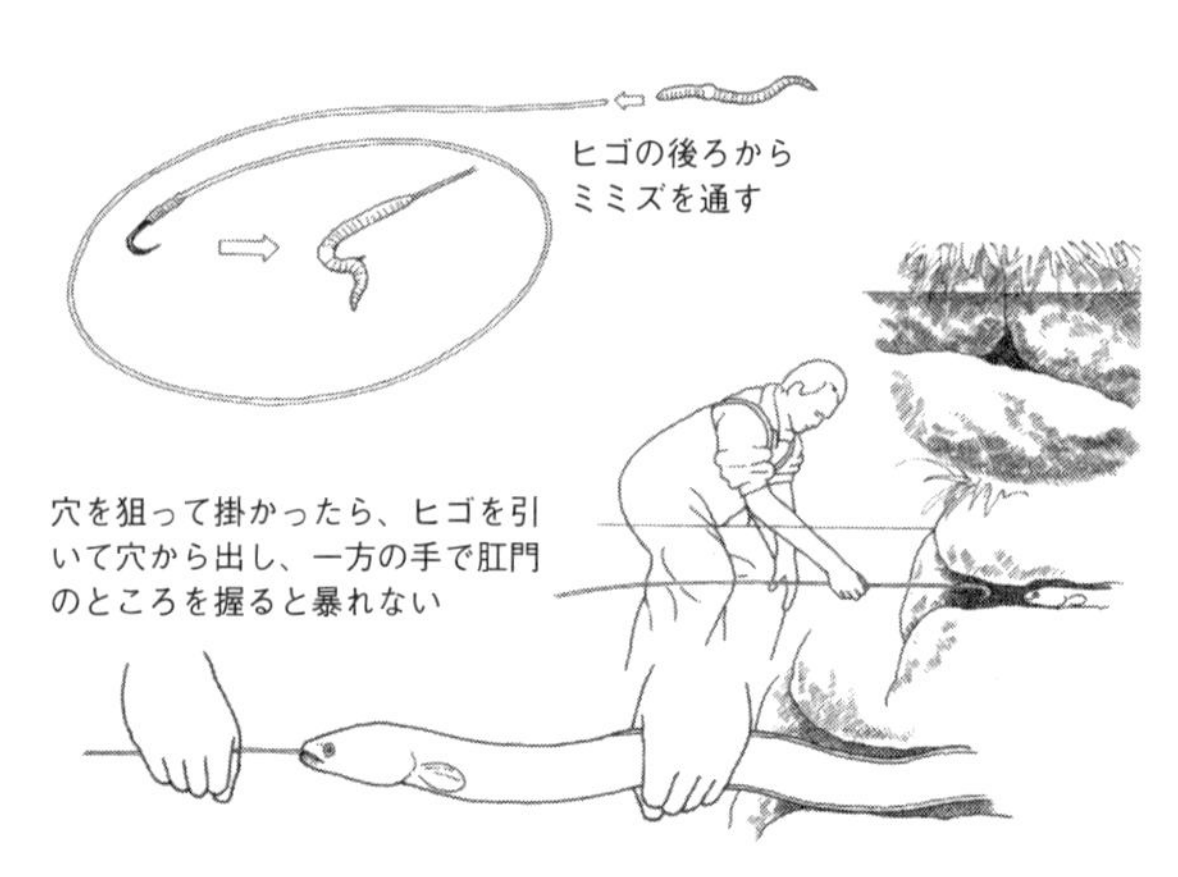


長さ1.5mほどのヒゴの先に、モドリのないウナギバリを固定、ミミズを刺して穴を探る。ヒゴがしなやかなので奥深く届くのが利点。日本推理小説の父・森下雨村（もりしたうそん）も、晩年を故郷の仁淀川ですごし、ヒゴ釣りに親しんだ

ある仕掛けぞ。

　時期はうんと水が温うなった夏よ。夕方、橋の下の瀞場（とろば）にカガミ（箱眼鏡）を持って入ったら、ウナギが穴からちょろっと顔を出しゆうがが見えるがね。近寄ったら引っ込みよるけんど、その穴へヒゴを差し込んだら、まあ十中八、九は食いついてきよるのう。

　魚が見えんときに、おる穴を見分ける方法かね？　それはない。ヒゴを入れて食う穴はおる穴。食わん穴はおらん穴じゃ（笑）。けんど、いっぺん釣れた穴は覚えておかんといかんぜ。そういう穴は、大水が出た後やら翌夏には、また同じような大きさのウナギが、ちゃあんと入っちゅうき。昔はみんな自分だけのヒゴ釣りの穴というもんをいくつも持っちょったもんじゃ。

　とにかくウナギは、穴にさえおれば、すぐにググッとくる。コツは最初に合わせんことよね。食い込ますように送っちゃったら、もう1回引っ張りよるけ、また送る。3回目のググッでヒゴを張ったら、もう確実。胃袋の奥まで呑んじょる。


　食わすがも面白いけんど、そこから先が、このヒゴ釣りの楽しみぜ。連中は体が長いけ、穴の中で頑張りよる。それをズルリ、ズルリと綱引きのように引っ張り出すがが、この遊びの醍醐味じゃろうね。大きいがは、それこそ石に足をかけて踏ん張るようにせんと出てこん。右手でヒゴを引っ張るろう。それで左手は手拭いをこくようにウナギに添えて、肛門のあたりまで来たら、ぎゅっと握るのが秘訣じゃ。

ほんならあとはしよい（簡単）。尻尾を手に絡ませもって、自分から抜けてきよる。ただ力だけで引き出したら、出た瞬間クネリと暴れて、その拍子にハリがポンとこける（はずれる）け、手は必ず添えちょかんといかん。

ハリにモドリがないがは、釣ったウナギをはずしやすうする。つまり手返しをようするためよ。はずれやすかったら、ウナギも弱らんきね。腹の奥までハリを呑んじょっても、籠に入れ、ヒゴをツンツンと動かちゃったら簡単にはずれる。まあ、釣るというより手鉤の感覚に近いわね。

ウナギの穴釣りといえば、短いハリスに結んだハリを、竹の棒の先に挟んで、離頭式銛（もり）のような状態のまま、ウナギのいる穴に差し込むスタイルが一般的だ。

ヒゴ釣りは、その穴釣り仕掛けを一歩進化させたものといえる。ヒゴは穴へエサを確実に誘導する支柱であると同時に、ハリスそのものでもある。ヒゴは棒の支柱と違ってたいへんしなやか。医療用カテーテルのように、曲がりくねった穴の奥の奥までエサを届けてくれるのだ。昔は各地に同じ原理の釣り方があったという。

このヒゴ仕掛け、竹ヒゴの部分がビニールコーティングの針金に替わっているものの、今も仁淀川周辺の釣具店では市販されている。

ヒゴ釣りのもうひとつの秘訣は、上流の穴から順に探ることよ。穴は岸沿いにあるろう。ほんだら上からエサの匂いが流れてくるけ、下の穴のウナギは、もう食い気満々で待ちゆうがね。いや、ほんとじゃ。そればあれらはミミズが好物で、匂いというもんに敏感な魚ぜよ。

一穴で何匹も釣れることもあるよ。昔、橋本金徳いう男は、ひと晩に同じ穴で24匹も釣ったことがあった。あれはこのへんの記録よのう。

今は禁止じゃけんど、「夜ずみ」ちゅう方法もあった。ここらでは水に潜ることを「すみ込む」という。つまり夜ずみいうたら、夜の潜りよね。

ウナギは夜行性やき、穴の外に出とるわね。それをカガミ（箱眼鏡）と懐中電灯で見つけて、長いウナギ鋏（はさみ）で押さえるがじゃけんど、ちょっとでも鋏が石に当たると飛んで逃げるけ、一発で挟むには、なかなかコツがいる。

底に石を積んで人工的に穴をこしらえる方法もある。よそでは石浸けとか石倉いうらしいが、仁淀では昔から石グロといいゆう。これはもっぱら河口の漁じゃね。

大潮の干潮時に、手で持てるぐらいの石を船で運んで落とし込んで、直径1mばあの小山を作る。そのまま置いたら、潮がひと回り（約半月）するころには、ウナギがぼちぼちと付いちゅうという仕組みよね。

また大潮の干潮時、水が膝ぐらいになったところで、顔を出しとる石を順々に除けてい

くろう。まばらになった石の間にウナギの体が見えるわね。それを鋏で押さえるがよ。

河口でやるがは、潮の干満が利用できるがと、底が泥やき、隠れ家の造成効果が石のうけある上流より高いきぞね。わしら、河口に箱を仕掛けるシーズンの初期は、この石グロと場所がようかち合うがじゃけんど、そこは自由競争の世の中やけ、近くに仕掛けを置かせてもらうこともある。

そらあ、なんぼ石グロの穴が居心地ようても、ミミズの誘惑には勝てんぜよ。ウナギはえい匂いがしたら、わざわざ箱に引っ越してきてくれるがね（笑）。そういう獲るか獲られるかいうようなスレスレの駆け引きも、ときにはあるもんよ。

## 台風の後は「ズズクリ」。昔は船いっぱいに獲れたもんじゃ

雨の後にも面白い漁があるぞね。昔、稲の穂が垂れるころに大雨が降ると、このへんの細い谷で親父とやったががウナギ受けよ。当時の稲は、たしか今みたいな早稲やなしに晩稲じゃき、10月時分の大雨よね。

これは簡単で、黒濁りのいちばん流れが速いところに、三角の叉手網を構えるだけ。ただ立っちょったら、次から次に型のえいウナギが入る。親父が田んぼを見ながら「弥太郎、今度雨が降ったら行こうぜよ」と、ようわしを誘うたがね。

このウナギは産卵に向かうがよ。この雨を逃したらもう下れん。そう感じて移動するがじゃろうが、そのときはきまって流れの速いところに乗る。多いときは1時間に20や30匹は入った。中には口や尾ビレの端の黒いがおって、そういうがは腹を割くと、まだ熟してはおらんけれど、ちゃあんと卵巣が入っちゅうがよ。

台風の後3〜4日後の楽しみというたらズズクリよ。水かさがまだ高いときは箱も浸けられん。ズズクリはそういうとき威力を発揮する漁じゃ。もうわしの時代には、この方法では商売にするほどは獲れんようになったが、昔はよう揚がったがね。これはハリなしの釣りよ。凧糸にミミズを15匹ばあ刺して折りたたむわね。それを真ん中でくくると輪になる。親指ほどの太さの竹に鉄筋を取り付けて、その先に輪をくくるがよ。

船を錨で止めて、このズズクリの仕掛けで、トントンと川底を小突く。ゴツゴツッと来たらウナギよ。水のまだ濁った、それも夜がえいわね。あれらあはアゴの強い意地汚い魚で、エサにくらいついたら引っ張り上げてもなかなか放さん。ミミズの中には丈夫な凧糸が入っちゅうき、そのまま船の中に吊り上げられてしまうというわけよね。

ズズクリは数珠子(じゅずこ)ともいい、ウナギがたくさんいた時代、全国いたるところで行なわれていた素朴な漁法だ。紀州の熊野川、伊勢の雲出川(くもず)、木曾三川、江戸の隅田川、常磐の久慈川(くじ)……。陸奥・松島湾ではハゼ釣りにも応用されている。

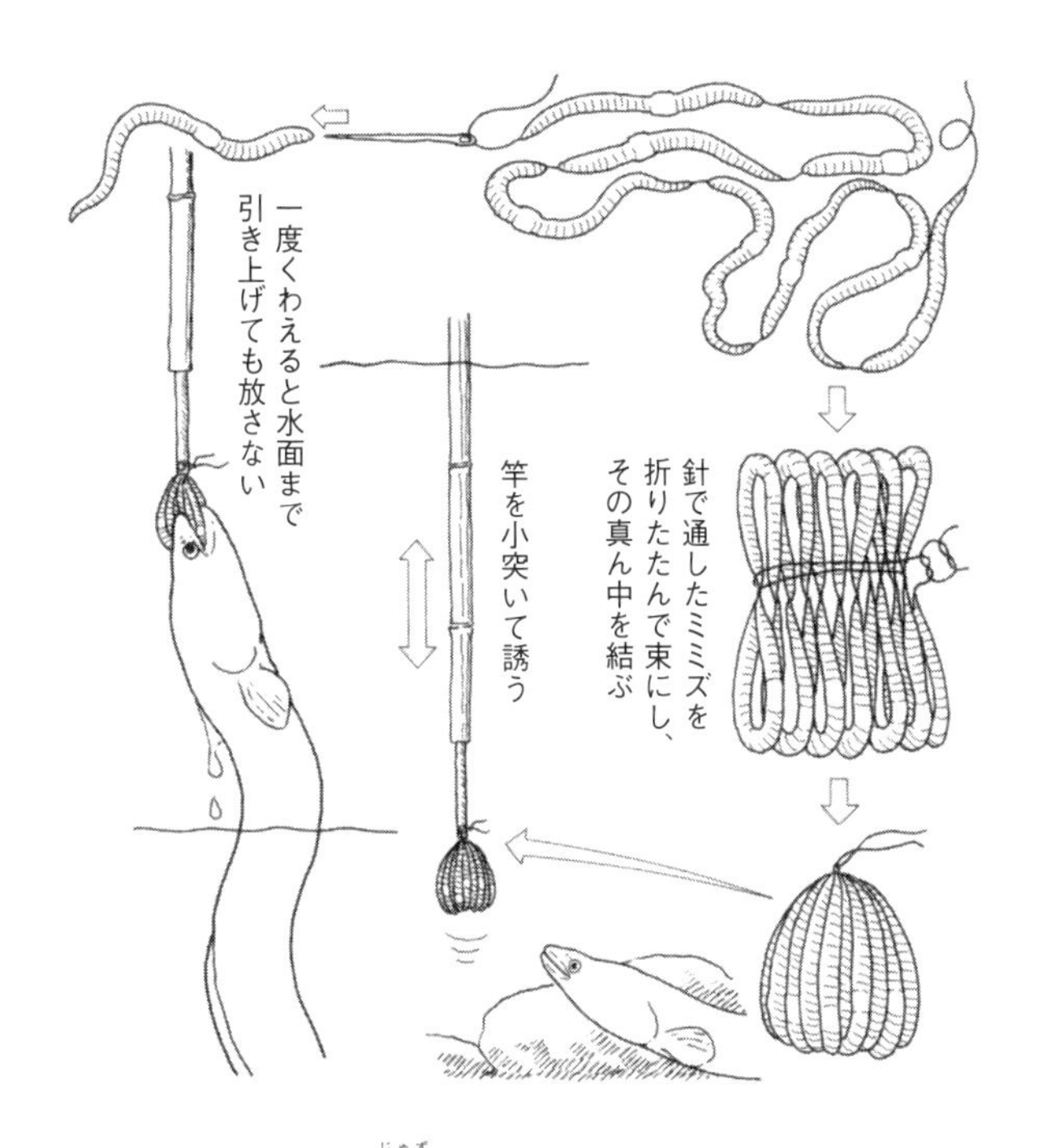


ズズクリは数珠繰り(じゅず)の意味。『広辞苑』にもあるぐらいだから、本来は一般的な漁法であった。数珠子釣、すずぶし、千つなぎの名もあると『広辞苑』は書いているが、ほかにシノギ（那珂川(なか)）、タチ（雲出川(くもず)）、ヘラ（長良川(ながら)）など、各地に固有の呼び方があった

その歴史は古く、江戸・天保年間の作といわれる『漁猟手引（かわかり）』には、「づゞごつり」の名ですでにあり、17世紀にイギリスで書かれた『釣魚大全（ザ・コンプリート・アングラー）』の第2部にも登場するなど、古今東西にまたがる釣法だった。

この先に、藤崎イヨいぅ、ズズクリの上手なおじいさんがおった。戦前の話じゃが、ある台風後の明け方、このイヨさんがズズクリしゆうところをうちの親父が見よったがよ。浸ければ釣れるの繰り返しで、後にも先にも、あんなにウナギが釣れるがは見たことないいよった。ふと船底を見たら、真っ黒で船板が見えんかったというき。10貫、20貫ではきかん量やったそうじゃ。

信じられんような話よね。けんど今の仁淀は、まだよそに比べたら昔の状態に近い川じゃろう。漁をして、その獲物を食べるという当たり前の楽しみが残っちゅうがじゃけ。

ウナギというたらもうひとつ面白い話がある。昔、聞いた話じゃがね、ある人が大きな箱へ獲ったウナギをまとめて入れて、川へ浸けちょいた。そのウナギが、夜のうちにちょいちょい盗まれる。そこでその人は一計を案じた。中へ、山で捕ってきたハメ（マムシ）を入れちょいたがよ。犯人はじきにわかった。間あなしに、あるところの者が手に包帯を巻いちょったと。悪いことはできんもんよのぅ（笑）。

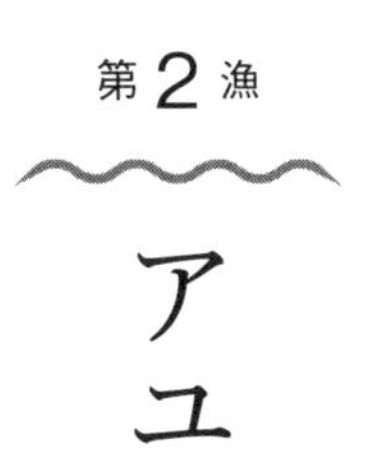

# 第2漁 アユ

増殖や放流事業に支えられ、アユは日本中の川で見ることができる。しかし今、大事なのは、アユがただたくさん泳いでいることではない。自然に海から遡上し、自然繁殖を繰り返している健全なアユかどうかということである。川の姿が問われている。

## 漁の種類が多いということは、〃頭が悪い魚〃じゃという証明よ

さあ、今年もウナギの書き入れどきに入った。そう思いよったら、じきにアユの解禁（網漁）が来よる。夏は、わしら川漁師にとって目が回るばあ忙しい季節じゃが、正直、いちばん心が躍る時期でもあるわね。

ところで、アユというたらテレビや新聞で、よう都会の釣り人らあが、清流の女王じゃとか、敏捷で頭のよい気難しい魚じゃいうふうなことをいいゆうけんど、あんたらはあの魚のことをどう思っちゅうかね。そうかね、やっぱり同じようなイメージを持っちゅうかね。

わしはそうは思わん。まったく反対よ。あれらあは、わしにいわせれば川魚の中でいちばん鈍（どん）な魚よ。わしは、アユばあバカな川魚はおらんがじゃなかろうかと思う（笑）。いや、茶化しやなしに、これはまことのことじゃ。

数ある川魚の中でも、アユほどいろいろ漁の種類がある魚も珍しいぞね。「火振（ひぶ）り」に「瀬張り」じゃろう。大水が出れば「濁り掬（すく）い」というがもある。とにかく網だけでもいろんな種類の漁ができる。わしら子供のころはタモ（手網）でもすくいよった。

釣りもたくさんあるわのう。あるとき、わしは近在のある道楽好きの者に聞いたことが

ある。遊びでいちばん面白いがは何よ、とね。そしたらその人はこういうた。

夏はアユの友掛け。冬はキジ撃ちじゃと。数あるアユの獲り方の中でも、囮（おとり）を使う友掛けは血がさわぐとしたもんじゃ。けんど、本当の道楽、遊びの釣りというたら、毛バリのアユ釣りじゃろうと。ドブ釣りともいうわね。

あれは金のかかる釣りじゃき。ちょっとしたハリは1本1000円ばあもして、持っちゅう人は、100本も2000本も帳面みたいな仕掛け入れに挟んじゅう。あの釣りをする人こそ金持ちじゃ。それに比べたら友掛けらあ安いもんよ。庶民の釣りよね。それともうひとつ、毛バリを使う釣り方が蚊頭（かがしら）じゃ。これは何本も毛バリがついちょって、川の表面を流す釣り方よ。

ニセのエサに騙されるかと思うたら、本物のエサにも釣られる。仁淀川ではアユのエサ釣りは禁止に

徒（かち）の友釣り、船からの友釣り、それに玉ジャクリが同じ場所で行なわれている。仁淀川のふところの深さを感じさせるショットだ

なっちゅうが、それもこれも、釣れすぎるからじゃきね。隣の新荘川では、今もわりかた盛んよ。シラス（チリメンジャコ）をエサに、小アジをすり鉢ですって水で溶いて撒いたら、けっこう立派なアユが釣れる。解禁初期から落ちの時期まで熱心に釣りゆうわね。

友掛けは知ってのとおり、縄張りを守る習性を逆手に取った方法よ。囮を入れたらガツンと当たって掛かるがが面白いという。わしは若いときに何回か、人の見まねでやっただけじゃ。仕掛けにつけるがはハナカンではなしに、背中に刺して固定する背カンじゃった。縄張りというがは付き場のことで、アユが好んで付く石は決まっちゅうき、このへんで「シャビキ」と呼ぶ素掛けや、船の上でカガミ（箱眼鏡）を覗きながら掛ける「玉ジャクリ」でも簡単に釣れらあね。

玉ジャクリは、わしはやったことがないけんど、上手な者は、岩のまわりのアユがおるところに、こう仕掛けを落としかけていきもって、うまい具合に引っ掛けるわね。あ

玉ジャクリを楽しむ人。箱眼鏡を覗きながら、玉オモリのついた錨バリ仕掛けでアユを引っ掛ける。乗っている船は仁淀独特のもの

れもまた、アユの習性を利用した獲り方よ。あれらあは縄張りをほかのアユに取られんように、こう、岩のまわりをぐるぐる回りゆうき、1回では掛からんでも、待っちょいたらすぐに戻ってきよる。

子供のころは、よう「金突き」（ヤス）でも獲りよった。ただし今は禁止じゃ。友掛けの囮のアユを間違えて突いてしまうトラブルがようけあってのう。潜る者より友掛けをする者が多かったら、組合の総代会ですぐに決まってしまうわね。昔、金突きができたときは、夜にやりよった。光で川底を照らしながらアユを探すがじゃけんど、光の真ん中を見よったらいかん。動かしていくと光の縁の、ぼうっとしたところにアユが見えるけ、そこを突く。アユの真上からまともに照らしたら、あれらあはたいてい光の外側に逃げてしまう。ウナギらはわりあい平気で、明るう照らしても獲れるがね。器用な者は、アユを金突きだけやなしにウバサミ（ウナギ鋏）でも挟んで獲りよった。ただ、そのときも大事なは明かりじゃ。ぼーっと薄暗いところで一発で捕まえんと、アユはぴゅーっと走って逃げよる。

しかし、漁の種類が多いということは、それだけ習性が単純で騙されやすいということじゃろう。ほんとうの意味で頭のえい、警戒心の強い魚じゃったら、こんなにいろいろな方法では獲れんはずやないかね。エサ。好んで付く場所。怖じたときに逃げる方向。夜に休むところ。好みの水流。産卵場所。あの魚は、習性をぜんぶ人間に見抜かれちゅうきに、いろいろな方法で獲られるぞね。

それやき、わしは、アユは川魚の中でいちばん鈍な魚というがよ。アユは自然の産物、それも1年で死んでしまう年魚じゃけ、やっぱり年によっては、海からよう遡るときと、あんまり遡らんときとがあるな。このへんの年寄りらあは、もう冬の間に、春の遡上と漁の出来不出来をだいたい当てよったもんじゃ。

わしが子供のとき、ある人がこういうた。「本年のアユはいかん」と。その人のいうことはだいたい当たる。「本年は多いぜよ」というたら、春には細い谷までアユの針子（稚魚）がびっしり遡ってきよった。まるでよう当たる占い師みたいにアユの好不漁を当てる名人じゃったが、わしは何か根拠があるはずじゃと思うて、聞いたがよ。

「おんちゃん、何でいかんがぜ」と。そしたらその年寄りは「本年はぬくいけ、いかんがじゃ」という。「それはなんでぜよ」と、わしはまた聞いた。そしたらこういうがじゃ。

「アユが秋に下流で孵って海に降りることは知っちゅうろう。冬がぬくい年は海水の温度も高いわのう。ほんなら、いつもは沖におるアジ子やサバ子が岸近くまで寄る。そこへアユの針子が下ったらどうなるぜよ？」と。

うまいうまいと食われてしまうというわけよ。つまり暖冬の年は天敵が多うなる。わしはそれから、年寄りの話や言い伝えいうがはバカにできんもんじゃと思うた。

昭和35年ばあまでは、温暖といわれる高知のこのへんでも、冬は白い霜柱が立ったもんよ。わしらの子供のころは、霜柱どころか、池に厚い氷も張った。この向こうに30坪ばあの池があって、近くの大人が「まだお前ら、いかんぞ。入りよったら死ぬるぜよ。おんちゃんが見て、えいというまで上がられん」というた。そのうち、その池の氷がだんだん厚うなる。もう乗ってえいぞと許しが出る。ほいではじめて、木を切ってきてコマにして、その氷の上で回して遊んだもんじゃった。

たしかに、そういう年の春は、アユもびっしり遡りよった。氷が薄うて乗れんような年は遡上が悪い。年寄りのいうとおりじゃったわね。近年は、氷どころか、霜柱をグジャグジャと踏んで歩くということものうなった。アユもうんと少ないろう。遡上の悪いがは、もちろんほかにも理由があるかもしれんけんど、やっぱり暖冬の影響は大きかろう。

今年（'98年）は、ちっとは寒い冬やったけ、遡るかと思うたら、予想どおり、近年にしたらまあまあえいほうじゃったのう。

この話を聞いた2か月後の'98年9月、たまたま読んだ高知新聞に、興味深い記事が掲載されていた。西日本科学研究所の研究員が、近年、高知県でアユの漁獲量が減少している背景には、ここ20年ほど続いている海面水温の異常な高さがあるという説を発表したのだ。

ただし、減少の理由は海水魚による捕食ではなく、温度そのものの直接的な影響だとしている。アユの仔魚は水温が20℃超えると死にやすく、高水温時に海へ下ることになる早生まれの群れほど、死滅しやすいのだという。結果、遅生まれ群ればかりが残り、産卵時期は次第に遅めになる。このため、資源維持を目的に10月16日から11月15日まで設定されている現在の禁漁期と、実際の産卵時期が噛み合わなくなり（つまり11月16日の再解禁には、まだ産卵がすんでいない）、アユの減少に拍車をかけている、というのである。※1

仁淀川の古老の言い伝えは、当たらずといえども遠からず、といえるが、こういう科学的な仮説が出るよりはるか以前に、水温と遡上の関係を鋭く言い当てていた点は称賛に値するだろう。

昔は「3月皿丈（さらだき）」というてね、3月の中旬になったら、小皿の直径ばあのもんが、このへん（越知（おち）町）に上がってきよった。ちょっとしたおかずを入れて出すような豆皿じゃき、まあ3寸ばあのもんじゃろう。それればあのアユが、真っ黒な……そうよね、両手を広げたほどの幅の帯になって、ひとつも途切れんで向こう岸を泳いで行きゆう。そらあみごとなもんじゃった。

今は、帯になって遡るいうようなことはまずないし、3月にもうアユの針子が見れるということものうなったがね。温暖化やらなんやらの影響で、アユの性質自体が変わってしもうたがじゃないろうか。本来、アユいう魚は、まあ空中を飛ぶ蠅（ハエ）とまではいわんが、毎年いくらでも川から湧いたもんじゃがね。

変わってしもうたといやあ、アユのおる川では、近代、ずうっと湖産アユというもんを放流しゆうわね。あんたらも知っちょろう。琵琶湖から小さい種アユを買うてきて、これを川に放すがよ。ここらでもダムの上流には、湖産を入れるわね。

わしの見たところ、湖産は、海から自然に上ってくる海産アユとは性質がだいぶ違うぜ。湖産は、怖（お）じるとじきに石の穴に潜り込んでじいっとする。ところが海産は、ゴソゴソと石の間を縫うように逃げていくわね。漁のしやすさでは湖産じゃろう。追いつめればじっとしちゅうけ、突く、掛ける、追い込む、と好きなようにできる。海産はそうはいかんぜよ。

あと、湖産と海産のアユの違いは移動距離よね。湖産はかなり大きな水の変化がない限りは、放流地点から500m前後の間におることが多い。放流からひと月ばあたってもアユの姿が見えん。これはどうしたことよといわれて漁協が調べてみたら、放した場所の近くにどっさりおったというようなことはようある話じゃ。

それと湖産は、大水が出て流されたら、わりあい元の場所まで戻ろうという習性が薄いわね。外見では、胸の黄色い、紋が濃い、尾が黄色いのが湖産で、海産は少し黒っぽうて口が長い。まあ、ちょっと普通の人ではわからんかもしれんね。釣り人は少しは見分けもつくと思うけんど。わしらは泳ぎゆうがを見てもわかるけどね。

## アユの成長方法は、近ごろでいうソーラー・システムよね

アユほど、年によって大きさに差のある魚も珍しいわね。先おととしに野老山（ところやま）のダムの下で獲ったがは、18㎝ばあのもんよ。それが去年は24〜25㎝からのものも多かった。あれらあは、分け食いいうか、取り合いをする魚よ。遡上の多い年、夏の天気の悪い年は1匹あたりの石のサイ（水垢（こけ）＝藻類）が少ないけ、ほんで大きうなれん。大根の種を畑に蒔いたら、最初はうんと芽が出るろう。それを何回も間引きして肥やしゃ日の当たりようをようしちゃるき、大根というがはあがに太うなれるがよ。けど、数をこしらえちゃろうと間引きを控えたら、1本1本は太い大根にはなれん。あとであわてて間引きをしたち、間にあわんわねえ。アユも同しことよ。遡上がどっさりあった年は、小さいままで成熟にかかる。

夏の盛りまでに大きくなれんかったアユは、それからいくらサイが当たっても、さほどは大きゅうはなれん。本年の平成12年がそうじゃった。

逆に、1匹あたりのサイの量が十分ならばグングン育ちよる。皿丈（さらだき）ばあの魚を、ひと月で倍に育てる。サイとアユの関係は、近ごろでいうソーラー・システムよね。

サイがよう育つには、天気も大事じゃが、まず水質じゃ。透明なほど石の上に光が届くけ。どこの土地の者に聞いても、昔のアユは数が多くて型もよかったというけんど、これはサイの質、いうたら水質や川自体の環境がよかったということじゃあないかね。

ただ、アユはサイばっかり食うとるわけでもないがぜよ。毛バリやシラスで釣れるががえい証拠よね。

あるとき、ちょっとした水が出たがね。そのしばらく後、それまでさほど魚影の見えんかった小さな川で、アユがごっそり獲れたことがあった。

なんでアユがこれほどおるがじゃろうと考えたが、別の川から海に流されて上ってきたとしか考えられんのよね。

須崎の海の漁師から聞いた話じゃが、土用時分の大敷網には、かなり大きなアユがちょくちょく入るがやと。大雨の後じゃがね、もちろん生きて入っちゅうそうじゃ。安芸（あき）の海岸でも、安田川あたりから流されたアユが、よう海岸べりの網のツボタ（袋）に入るというけ。

カニカゴを仕掛けに、直接海に流れ込んじゅう小さい川に行ったら、そこにもアユはおるけんど、そういう細（こま）い川のアユはたいてい小さいわね。成長しても10㎝ばあのもんよ。けんど大雨の後に入ってみたら、20㎝ばあのもんがおる。これはほかの川から海へ流されたもんが、また川を探して入ってきたとしか説明がつかなあよ。

アユがほかの川へ移動する証拠はほかにもある。ここの野老山（ところやま）のダムの放流ゲートのところは、コンクリで流れが速い。なんぼ頑張ってもアユは上には行けんのじゃが、あれらあは本能で、のぼっていこうとするがよね。その水路に入り込んだやつは、アゴのところがたいてい三角に擦れて赤うなっちょる。これが秋になって下って、落ち鮎になって獲れたときには、その三角が、人の傷跡みたいに盛り上がって治っちゅう。それを見れば「ああ、これは放水口におったアユじゃ」ということで、すぐにわかるがよ。

その仁淀川のゲートのアユが、隣の新荘（しんじょう）川の奥で獲れることがある。新荘川には、アユのアゴに擦り傷ができるようなゲートはないけ。大水でゲートから押し出されて、海まで流され、ほんでまた川を探して泳ぎよったら、目に付いたがが新荘川じゃったということじゃろうな。わしはアユをバカな魚というたが、けなげといやあ、これほどけなげな魚もおらんわね。海におる間、それと川の水が落ち着くまでサイは食べれん。そういうときのアユは、虫でも小魚でも食うて腹の足しにしゆうはずじゃ。

わしは昔、アユの養殖をやってみたことがあったけんど、実際、アユという魚は、魚のアラを炊いてほぐしたようなエサにもすぐに慣れるがぜ。もっとも、魚のアラで大きうしたアユは、焼いて食べたら、ちっともアユらしい感じがせん。脂が強うて、味もなんじゃ海の魚のようじゃった。

やっぱりアユは天然に限る。アユはサイを食うきにアユの味になる。それを知って養殖はやめた。まっことうまいアユを売ろうと思うたら、コンクリの池で苦労して育てるより川で獲るほうがなんぼか楽よ（笑）。

アユが卵を産みつける場所は、そうよねえ、小砂利底というか、拳よりこんまい石の多い瀬よ。成長期にはサイが生えちゅうところにおるが、卵を産みよるときは、逆にサイのあんまり生えておらんようなところを選んじょる。アユの産卵には、秋の雨が大きう影響するわね。子を腹にもっちゅう。そろそろ卵を産みやすい場所まで下らんといかんというときに、適度に雨が降らんと移動がしにくい。かというて、あんまり大水でも困る。なぜかというと、アユが錯覚をするわけよね。もともと水がないような河原にまで水がつくろう。当然、サイはないわ。勘違いしてそこを産卵場にしてしもうたら、今度は平水に戻ったときに水が引いて、干上がってしまうがよ。本能の悲しさとはいうても、上流にダムものうて、山に木もようけあって、季節季節の川の水量というもんがわりとしっかりしておった時代は、こういう勘違いも少なかったがじゃなかろうかね。

というより、アユが蝿のように真っ黒うおった時代は、そんなことまで心配せんでもよかったというががまことのところじゃろう。それと、瀬というがは、昔からその年々で多少は姿の変わるもんじゃ。これまでの瀬が無うなったら、またどっかに新しゅうに瀬ができる。アユは自然の中で生きゆうだけに、時期になったらおおかたのものはそういうところをちゃんと見つけて、産卵しゆうわのう。

産卵が始まるがは11月に入ってからよ。彼岸を過ぎて大水が出たら、アユはだいたいその水に乗って下っていきゆう。このへんじゃったら、伊野（いの）町あたりから下の浅い瀬がその場所よね。秋に大きな水が出ん年は、11月に入って木の葉が舞うばあの大風が吹いたときにいっさん（一斉）に下るわね。木枯らし一番というか、ああゆう風じゃ。まあ、今度あんたらがその時分に来て、その風に遭遇すりゃわかるけんど、アユはまるで合図をしたばあみごとに下っていきよるぜ。

ただ、渇水で瀬が切れちゅうような年は、アユも下れんけ、もうそのへんで場所を選んで産卵しちゅうわね。こういう卵は、その後も雨が降らんかったらアウトじゃ。

## 漁は道楽ではないき、費用対効果ちゅうことを考えんといかん

火振り（ひぶ）りは、火光漁（かこうりょう）とか、焼き獲りともいうけんど、アユでは代表的な漁じゃね。当然鑑札（かんさつ）がいる。仁淀にはこれのできる権利が100口あった。わしは若い時分に、この権利を人から譲ってもろうた。たしか3000円じゃったかねえ。親父に「今後も漁を続けるがやったら自分で持っちょいたほうがえい」といわれたがよ。

昔の鑑札は、証書に誰それと裏書きさえしたら、その者も漁ができた。もちろん規定の入漁料は払うんじゃがね。わしも最初はそれでやらしてもらいよったがよ。けんど昭和25

年から30年までの間じゃったかね。もう裏書きはいかんよちゅうことで、廃止になった。それで思い切って鑑札を手に入れた。

ここでいう鑑札というがは、昔の株仲間みたいな営業権で、別に鑑札使用料として現在は年間4万円を組合に払わんといかん。もし体調が悪うてその年休みたいときは、半額の2万円だけ払うたら、権利は消失せんと残る。

漁そのものの許認可と入漁料が別々になっちゅうところが、あんたら遊びの釣り人が買う鑑札との違いよ。権利と別に毎年4万円というがは高いかもしれんけんど、釣りでアユを獲るためにかかる遊漁料が年間8000円ほどじゃきね。火振りは数あがる漁やけ、それぱあに設定しちょかにゃあ組合も割が合わんがじゃろう。

この火振りの鑑札が、つい先年から、親子の間であったちいっさい譲渡できんようになった。要するに、火振りは今権利を持っちゅう者でおしまいの漁法になるということじゃ。近年の仁淀川は友掛けの人気が高いが、釣り人は網が入ることを極端に嫌う。漁協は、網をする地元組合員じゃのうて、休日に遊漁券やオトリを買う釣り人を大切にする。いうたら、レジャー客誘致の路線を選びつつあるいうことじゃ。

考えてみ、ひとりの組合員に毎晩100匹も200匹も獲られるより、日曜日ひとり10匹や20匹ばあ釣って帰る釣り人が500人、1000人と入れ替わりで来てくれたほうが、組織運営上はうまかろう。まあ、あんたら遊びの釣り人にとってはえい話じゃろうけんど、わし個人としてはちっと複雑な気持ちよのう。

火振りを縮小していこうという理由には、もうひとつ、漁をする者のマナーの問題があるわね。火振りの場所割りいうがは、本来、集落、集落で暗黙の約束で決まっちょった。それが鑑札の名義が変わっていくうちに、わしは権利を持って年間の使用料も払うちゅうがやけ、どこに網を入れてもかまわんじゃろという者が出てきたわけよ。約束事が崩れはじめたら、昔からあった地域の人間関係いうもんも、なんとのうギクシャクしてきた。

そんなわけで、平成4年から5年間の猶予期間を設けて、今後、権利譲渡は認めんという方向に変わったがよね。平成9年までに鑑札をどうするか考えよ、と

アユの火振り漁。網を張ったら追い立てるようにサーチライトを当て、水面を叩く。無数のアユが水面を飛ぶ。水中は完全にパニックに陥っている

いうことで、わしの場合は息子に譲った。高齢でもう漁ができん、譲り手もないいう場合は、漁協が50万円で買い取ることになった。つまり権利放棄よね。平成9年は譲渡の許される最後じゃったけ、裏の相場が１５０万円にまでなったっちゅう噂じゃ。

今、火振りの権利を持つ者は85人。これからはだんだん減る一方よね。わしも今は鑑札なしじゃき、火振りをするには息子が一緒におらんとできんがよね。そう、つまりわしは今、息子の使用人という立場で漁をさしてもらいゆうがじゃ（笑）。

けど、息子は勤め人じゃき、時間のあくがはだいたい週末よ。川は人間の暦どおりには動いちょらん、やっぱり水を見よったら歯がゆいことばっかりじゃのう。まあ、こればっかりはしかたがない。わしがひとりで行たら違反操業いうことになるきね。

わしの場合、どんな網も自分でこしらえゆう。ナイロンの網と、アバ（ウキ）と紐、岩と呼ぶオモリをバラで買うて、それを自分でひと組の網にするがよ。出来合いの網を買うたら5万円もするが、自作なら７０００円で上がる。わしの漁は道楽やのうて仕事じゃけ、常に費用対効果いうもんを考えんといかん。

ただ、ひとつ仕上げるまでに45時間から50時間ばあかかる。時間も経費の中に入れたら、とてもやないけど割に合わんのう。けんど、自作のえいところは、なんというても工夫のできるところよね。自分でいうがもなんじゃが、わしの網は市販の網より何倍も優秀ながぜ（笑）。売りゆう網は、普通の刺し網で一重よ。平網と呼ぶわねえ。わしのは二重構造になっちゅう。

一重の網は、流れに押されて目がピンと張ってしもうて、せっかくアユが頭を入れてもはじいてしまうことがある。目の大きさとアユの大きさがうまいこと合わんと、掛からんことが多いわね。ほんやきもう一枚、アユがすり抜けるばあの目の大きな網をかけて二重にするがよ。目の大きいほうの網は、丈がぴっと（少しだけ）短い。その状態で上下と、真ん中あたりを結んだらと、ちょうど蒲鉾を横にしてふたつ重ねたような袋状になるろう。

手前の目の粗い網は糸が張っちゅうけんど、向こうのこまい網は、そのおかげ

火振りは、弥太さんが最も得意とするアユ漁だ。日のあるうちに準備を整え、水面が闇に包まれたら明かりを灯し、アユを網へ追う

で糸が弛んじゅうけ、アユのエラ蓋やヒレに絡みやすいわね。糸がすぐには絡まんでも、Uターンするときには粗い目の糸が横につかえて、ほたえ（暴れ）よる。そうしたら、今度はほぼ確実に絡むがよ。ただ、川によっては規則でこの手の袋網が使えんところもある。新荘川がそうよ。逆に、仁淀では禁止のエサ釣りと金突きは、向こうではかまんがやけどね。

もうひとつ、自分で作る理由は、市販の網のアバは大きすぎて使いにくいということがあるのう。火振りでは、浮力の大きなアバは漁がやりにくい。よう浮くがはえいけんど水の抵抗も大きいけ、押しの強い流れに入れたらかえって網が寝てしまう。とにかく、いっつも納得のいく漁をしたいけ、わしは自分で網を作るがよ。

## 昼のアユは怖じると下流へ走る。気持ちはいつも海に向いとる

火振りの網は、規則で1回6ケ統までしか入れられんということになっておる。入れる手間、揚げる手間、それに魚をはずして網を直す手間を考えたら、そうそうひと夜に何度も網入れができるわけやないのう。そうよねえ、1回終わったら8時か9時。もうひと網入れようかとなりゃあ、11時ぐらいになるきね。川を全部網で仕切るがもいかん。川の幅は3分の1ばあは空けちょかんといかんという決まりがある。ひとつの網と網の間は25m

以上空けるということになっちゅうわねえ。網の丈は1m以内というがが決まりじゃ。

火振りは、日がとっぷり暮れてからの漁じゃね。それも新月回りの闇夜がえい。淵に網を仕掛けたら、船から電気の明かりを照らしたり、棹（さお）で水を叩く。昔はカーバイドを焚いた。そのまた昔は、松明（たいまつ）やったがじゃお。それで名前が火振りながじゃろう。

今の火振りは光は強い、船のエンジン音もするで、昔の火振りよりもだいぶ強力じゃ。岩陰で寝よったアユは、相当あわてるわね（笑）。

ポイントはたいてい淵じゃ。まあ、多少流れのあるところにも網は入れるけんど、友掛けをやるような場所では流れで網が寝えてしまうき。網さえ寝んかったら、なんぼ深いところでも掛けれる。わしはダムでも掛けたことがある。

わしらあ越知の者は、上から下へ追い込むように光の焚（た）き方や音の立て方を調整するけんど、下流の伊野町の人らあの火振りは、下から上へ追い上げるようにするわね。下から火をつけよるけ。わしらあは、網の目のこともあるし、上から下へ追うほうがえいと思うてやりゆうけんど、同んなじ流域でも漁には微妙な流儀の違いがあるわね。

アユはまっことに鈍な魚じゃ。明かりを当てたらそれこそパニックを起こして、下に張った刺し網に簡単に掛かりよる。網に掛かった仲間がきりきりと白く舞いゆうがじゃき、反対（上流）向いて逃げればよかろうもんを、それによけい驚いて、わざわざ自分から網に飛び込むような魚よ。

ところで、昼間のアユは怖(お)じたときにまず下流に向かうことを知っちゅうかね。とくに水面のほうから危ないもんがきたと思うたら、あれらは必ず下へ走ろうとする。

昼、瀬におるアユは、上から追われたときだけやのうて下から追い立てられてもUターンする。河口から遡ってきゆう魚じゃき、いざというときは故郷に帰らにゃならんいう本能があるがじゃないろうか。気持ちは、いつも海に向いちゅうわね。

昼のアユ漁に瀬張りいうがある。鵜縄(うなわ)ともいう。これも減りゆう漁法で、今、仁淀川には10ケ統ばあしかない。この瀬張りが、アユが下に逃げる習性を利用した漁よね。わしはやらんけんど、見よったら、これもまっこと面白い方法よ。

まず川底に鉄筋を打ち込んで、そこに100

火振りの刺し網。1枚の平網だと糸が張りやすく、流れのあるところでは掛かりが悪い。そこで二重構造にした。手前の目の大きな網はアユを獲るためではなく、奥の網を弛ませる一種の弦だ

m近い網を掛ける。というても、この漁の場合は、網にアユを絡めて獲るがじゃないがぜ。糸は太うて、網の目もその気になりゃあアユがすり抜けられるばあ大きい。この網の役目は、じつは通せんぼをするための網よ。その底には、竹で編んだ細い筒を何本も沈めちょく。

用意ができたらいよいよアユを追い込む。二手にわかれて、太さひと握り、長さ1間（1・8m）ばあの、竹を縄暖簾（なわのれん）みたいにくくった網を持って、上流に向かって瀬を歩く。ある程度上がったら下がり、また上がる。竹は中が空洞じゃき、流れに逆らわせたら、水面で白泡と音を立てて跳ねよる。これにアユが怖じるというわけよ。鵜縄（うなわ）いうぐらいじゃき、昔はウの羽でも使うたがかね。

アユはまず下流に逃げよるわ。けんど行き先には網が通せんぼしちゅう。アユは、脳みそはどうちゅうことはないけんど、眼だけはえい魚じゃき、昼はどんな細い糸でも見破る。まして太い糸でこしらえた網よ。すぐに気がついて逃げ場を探すわね。

そしたら川の底に、なにやら穴があるじゃいか。とりあえずそこへ逃げ込んじゃろうと思うわ、わが身の安全のために。それがつま

寝込みを襲われ、刺し網の目に頭を突っ込んでしまったアユたち。エラ蓋まで糸が達すると、もう自力で抜け出すことは不可能

り竹で編んだ筒よ。ひとつの筒に、多いときは20匹も30匹も入るぜよ。

わしの親父は、その筒も、人間の鼻の穴みたいにただ真っ直ぐ下流に向けておいたがやったら入りが悪いといいよった。アユは鈍な魚いうても、何度も同じ漁をしよったら学習するき、瀬張りの仕掛けを覚えよる。

そんなときのために、筒の入り口手前に大きめの石をポツンと置いて、アユから筒の口が見えんようにするがよ。あれらは必ず石の向こうに回ろうとするけんど、迂回したり乗り越えたら、そこはいつもの怖い仕掛けの入り口で、勢い余って頭から飛び込むという寸法じゃ。

そんなふうに、瀬張りは眼がえいというアユの自信を逆手に取って裏を掻く方法じゃが、火振りはその逆で、アユは夜目が利かんということを利用する漁じゃな。

夜は昼と違うて、必ずしも下流へ走るとは限らん。目がチカチカ痛いけ、パニックを起こしてあちこち走りゆう。それをなるべく下、網の張っちゃあるほうへ追い込むがが、火振りにおける、まあ一種の技術よ。

瀬張りは一度に１００kgも２００kgも獲れるが、準備も人手もかかる。火振りの漁獲はせいぜいひと晩20kg、30kgばあのもんじゃが、操船する者とおどす者、最低これぱあおったら十分よ。それが利点じゃろう。

網をはずすがは、女子供に手伝うてもろうたらはかどるわね。うちらあは一族や友人を集めてワイワイガヤガヤとやりゆう。気分の半分は納涼よ。

夜のアユは不思議なもんで、光を当てるとよう飛び跳ねよるね。暗がりで変なもんに当たりそうになったら、とりあえず水の上へ飛べいうような本能があるがじゃろうか。

街灯の明かりみたいな、いつもじっと動かん光には、アユも神経質にはならんが、たとえば道路を車が走って、淵にライトの光がかかったときたら、アユは怖じるわねえ。

火振りでは、棹で水面を叩いたりして、なるべく網のある深さまで追い立てるがやけれど、さすがに全部が全部を網に追い込むいうわけにはいかん。

夜のアユは深い場所の、大きな石があるところによう休みゆう。網の丈は1mばあのもんじゃが、ちゃんと掛かるところを見ると、だいたいあれらあは、基本としては腹を底に擦るように泳いで逃げる魚よね。

ところが、えい場所やにわりあい掛かっちょらん。掛かっても、網の上のほうばっかりということもある。それはどういうときかというと、たいてい大雨が降って、石に生えたサイ（水垢）が飛ばされてしもうた後よ。石にサイが生えたら、どんな色の石でも茶黒うなるろう。けんど飛ばされたら、石の地色が見えるわね。白い石じゃったら、火振りの明かりを反射して川底が光るろう。アユはそれに怖じて上のほうを泳いで逃げるがよ。

頭脳自体は単純じゃ思うが、まわりの様子で動きが刻々と変わる。それやきアユは一般に気難しいといわれとるがやなかろうか。

## ダムのないころは、網を上げよらんうちから西瓜（すいか）の匂いがしよった

ここらは山の中じゃき、夏になったら、やっぱりアユという魚はかなりな人気があるわね。ただ、都会の食通の人らがアユ解禁と聞いて食べとうなる気持ちとは、ちっと違うた感覚じゃろうと思う。わしの場合は、正直、味を待ち焦がれるという気持ちはない。時期になりゃあ、それこそ毎日毎日、アユの匂いばっかり嗅いで暮らしゆうきね。職業病というか、かなり鈍感になっちゅう。また解禁が来た、さあ今年はどればあ獲っちゃろうかと、どちらかというたら腕をさする楽しみのほうが多いわね（笑）。

今、仁淀川のアユの解禁は6月1日（網は6月15日）じゃが、昔は5月15日じゃった。6月に変わったがはこの6〜7年じゃあないかね。言い出したがは伊野の地区の年寄りよ。あんまりこまいアユを獲るのはどうか、と、組合の会議で動議を出した。たしかに意見としては正論よ。この時期はなんぼ若アユいうても、まだ15〜16㎝のもんじゃき。ところが、県内のほかの川は5月のまんま。どんな食べ物でも、値が高うなるのは旬のはしりじゃろう。アユも型は小そうても、早い時期はそう値打ちが下がらんのよね。

それやき、高知県の場合、6月の解禁じゃと逆に値がせんわけよ。これじゃあうまみがない、また5月に戻そうと言い出したがも伊野の地区で、これに今度ほかの4つの地区が

ヘソを曲げた。わがままばっかりいうなということよ。当時の年寄りらはもうおらんけんど、まあ、そんなことがあったわね。

ひとつの川の流域でも土地柄いうがはいろいろじゃけ、漁協も一枚岩の組織というわけにはいかん。これは個人として日々、漁をしよっても感じることじゃがね。

網はアユの産卵のためいったん10月の15日で終わって、次に11月16日から1か月、落ちアユの解禁[※2]になる。

話はまた食べることに戻るけんど、身内や近所に漁や釣りをする者がおらざったら、やっぱり川の流域に住んじょっても、アユは金を出さねば手に入らん魚じゃろう。そういう人が、うちへ買いに来るわけよ。今（'98年現在）、うちでつけちゅう値はキロ2500円。よほど良い型のもんがそろうたときは3500円ばあ貰うこともあるけんど、まあ、特別。普通は2500円。もう何年もバカのひとつ覚えでこの値段。

所得を考えたらもうちょっと貰わにゃ合わんがじゃけんど、食べ物を扱う者というがは遠い市場より先に地元を見るがほんとじゃきね。いや、どんな仕事でもそうじゃなかろうかと、わしは思うな。たしかに、昔はちょっとでも収入が上がるようにいうて、高知市内の市場に直接卸しよったこともある。今も出したらキロ3000円ばあにはつくがじゃないかね。

当時、息子が市内の高校に通いよって、漁のあった次の朝は息子を車に積んで下ろして、ほいでからアユを卸しよった。

値のえいがは、なんというても友掛けで獲ったアユよ。網は掛かったらすぐ死ぬるけ。それでも、手早うはずして体にめっそう触ってないがは、けっこうええ値になるわね。腹の破れたもんや口の曲がったもんを除けて、いっつもきれいなアユばっかり型をそろえて詰めたら、これはひとつの信用になって、宮崎のものは間違いがない、という評価につながる。

ところが、わしのアユを買うた業者らあがね、小売りに出すときに混ぜものをしよったがじゃ。質の落ちるアユを間に挟んで水増しして、これは越知の漁師の選りすぐりのアユじゃきに品質に間違いない、と、こう高うに売り込みよったわけよ。それを知ってから、市場に出すのが嫌になったがね。知らんがならまだしも、そういうダマしを知って黙っておるがは川漁師の名折れろう。というより自分の信用問題よ。魚はダマしても人はダマさん。これだけが誇りじゃき（笑）、それからは自宅で直売だけにしたわけよ。

獲ったアユは、あらかじめ注文があったら生でも売るが、たいていは業務用冷凍庫で急速冷凍しゆう。火振りは夜の漁じゃき、生で次の日まで置くよりは、間を置かんと凍らせたほうが、かえって味のためにはえいように思う。それに漁の出来と買いに来るお客の数は、いっつも一定やない。急にどっさり欲しいといわれたときに困るわね。

仁淀のアユいうたら、知っちゅう者は知っちゅうけ。お土産や遣い物に送ったら、そらあ喜ばれるぜよ。今、獲りたてを宅急便で鮮度よう送るがはわけない。ただ、獲れてから荷造りまでの時間や食卓にあがるタイミングも考えたら、やっぱり冷凍が現実的じゃろう。

アユは生でのうてはいかんという人もおるけんど、獲ってすぐ急速冷凍したアユは焼き方さえ間違えんかったら、ちっとも味は劣らんぜ。コツは、解凍をせんと直接焼くことじゃね。完全に溶かしきってしもうたら、どういても腹が破れやすいけ。

このへんでいやあ、やっぱり塩焼きがいちばん多い料理の仕方。それと甘露煮。ちょっと小さいもんは、から揚げやらフライにしても食べる。それからいけるがが、ひと夜干しよね。寿司もあらあねえ。土佐はサバでもアジでも、姿寿司にするのが好きな土地じゃきね。

四万十川のほうでは、よう産卵が終わった後のアユを焼き干しにして汁のダシにしゅうけんど、仁淀ではそういう習慣は少ないのう。ここらあでは卵や白子を落として黒うなったアユは、なんぼ大きいいうても見向きもされん。それよりは12～13㎝でも色の青い、若いアユを喜ぶ土地よね。四万十では逆に大きいものを喜ぶがやろう。こういう違いはあるわね。

昔の人はウルカ（腸や卵の塩辛）もよう作りよったが、あれは、はらわたばっかり集めるのがうるさい（面倒）もんじゃきえね。それに、わしは酒を飲まんけ、うちではまず作らん。まっこと好きな者はカツオの塩辛みたいに麦飯の椀にのせて食うたそうじゃが、わしゃ、ぞっとするぜよ（笑）。

今のウルカは昔より質がだいぶ劣るろう。食いゆうサイの質が違うきね。昔いうたら川にダムのなかった50年ばあ前のことじゃが、あのころの仁淀は水量も多うて、水も今よりかだいぶ冷やこかった。

その違いじゃろう。アユの味は今より抜群によかったし香りも高かった。アユの多い淵では、船で網を入れたら上げよらんうちから西瓜（すいか）の匂いがしよったもの。その匂いでどればあ掛かっちゅうか想像がついたもんよ。今の仁淀は、ほかのアユの川に比べたらかなりきれいなほうじゃと思うけんど、昔から見たら天と地ばあ違うのう。流れは見た目に澄んじゅうようやけんど、ダムで何か所も止められた、極端にいうたら死んだ水よ。

## 流れの中にしゃがんで、手のひらを広げているだけでもアユは獲れた

アユの獲り方のときに詳しゅう話すがを忘れちょったが、わしらの子供時分は面白い遊びがあったぞね。ひとつが手づかみよ。つまみとか、握りともいうたわね。これは細い谷に限った方法じゃが、まあ、これほど簡単なアユの獲り方ゆうがも、そうなかろう。

アユは夜、深場でじっとしちゅうという話はしたけんど、浅い谷におるアユの場合は、瀬の中の、なるべく流れの緩やかなところで休みゆう。そういう場所にそろっと入って、

下に向いてしゃがむがよ。ほんで手のひらを、野球のボールを受けるように構えて水に沈める。

ただそれだけじゃ。静かに待ちよったら、じきにアユが入ってくるけ、これをパッとつかむ。いや、まっことぜ。それだけで獲れるよる。

なぜかというたら流れじゃ。上にしゃがんで手を開いたら、真下の流れは緩うなるろう。近くで休みゆうアユは、ちょっとでも緩いほうが体が楽やけ、次第次第に手のひらのほうへ近寄ってくるいうがが種明かしよ。

もちろん昼にゃとてもじゃないが通用せん。アユの眼の利かん夜やきにできることじゃ。今はどうじゃろ。無理じゃなかろうかね。アユが小さい谷まで真っ黒

アユの手づかみ。夜、膝ぐらいの水深の瀬で両手を開いて構えていると、より緩い水流の場所で休もうとするアユが自ら入ってきた。たいへん原始的だが画期的なアイデア漁法だ

になってのぼった時代とは違うけ。やって獲れんこともないと思うが、わしらの子供のころのように、ひと夜で10匹も20匹もつかむいうがは、まず無理じゃろう。

もうひとつ谷でやったがが、タモすくい。これは昼の遊びじゃね。サカキの枝を輪にした枠に、目のこまい網をつけて、アユがおりそうな場所へそろっと近づく。

もう片方の手には2mばあの棒を持って、それを川に入れてアユを追うがよ。前にもいうたように、昼のアユは危険を感じたらまず下流に走るいう習性がある。そうやって構えちゅうタモへ追い込むわけじゃが、あれらあはなにしろ眼がえいきに、ただ下流で構えて追うだけでは絶対に入らん。

オイカワやカワムツは、わりかた鈍（どん）な

タモすくい。これも谷のアユを獲る方法。日中のアユは眼が利き、タモの存在を必ず見破る。そこで手前に石を置いてアユの死角を作る。アユは石を乗り越え、自ら飛び込む

がやけど、アユはちょっとでも怖いもの、いうたらタモが見えたら、川底とタモの隙間をすり抜けて逃げる。タモで追いかけても、とても追いつくもんじゃあないぜよ。

ほんならどうやって追い込むかというたら、大きめの石をタモの前に並べて、アユから見えんようにしてしまうわけよね。棒に追われて下に走る。石がある。それを乗り越えて逃げちゃろうと思うたら、もう目の前にタモがある。気がついたときにゃあ体が半分ばあ入っちゅうというわけじゃ。

瀬張りのときに筒へアユを誘い込むのに、手前にひとつ石を置いて筒の口を隠すがと同じ理屈じゃ。

変わったアユの獲り方には、陸へ追い上げるという方法もある。これは火振りのついでに、子供らがおるときにやる方法じゃ。淵の縁の浅いところに、パッと光を当てたら、浅いところにおった小さいアユがびっくりして飛びよる。浅うて逃げ場がないけ、ライトを左右に照らしたらどんどん浅いほうへ追われる。最後にチカッとやったら、陸へいっさんに飛び上がるがよ。それを「さあ捕まえ！」というて拾わせる。なかなか壮観なもんぜ。

アユの思い出といやあ、こんな話もあったわね。わしの従兄弟で次郎という男とその友達が、解禁前にアユを蚊頭（かがしら）（毛バリ）で釣りよったがよ。もちろん違反じゃ（笑）。そらあ、まだ誰もさわっちょらん場所やき、入れりゃあ釣れる、入れりゃあ釣れるという具合じゃった。

　ところが間ぁの悪いちゅうかなんというか、駐在が自転車で巡回にきて、橋の上からこれを見た。ハヤ釣りならかまわんけんど、アユを持っちゅうところを見つかったら現行犯よ。向こうもそのつもりで見ゆうわけよね。

　しかたなしに、連れは持っておったアユを全部逃がした。見ゆう前で釣れたアユも放して、ハヤだけをビクに入れた。ほんなら違反にならんきに。見たら次郎兄いも、せっせと魚を放しゆう。

　橋の上の駐在は規則を守っちゅうがを見届けて帰ったわね。ほんで、夕方家に戻った連れが、警官がおらんかったらハヤでやのうてアユを持ってこれたもんをといいながら、ふと次郎兄いのビクを覗いた。ほいたら、全部アユじゃったそうじゃ。アユを放したとみせ

23cm級のアユ。今の仁淀川ではまずまずの型。ダムができる前はもっと大きなものがザラにいて、味、香りも格段によかったという

獲りたてのアユを河原で塩焼きにするのは、川漁師の特権

かけてハヤを放しちょったがじゃ。時効になるほど昔の話じゃがね（笑）。

※1　2000年からは10月16日～11月30日の禁漁、12月1日の再解禁となった

※2　2000年から再解禁は12月1日となった

第3漁

# 昔の川遊び

仁淀川のほとりで育った生き物好きの少年は、やがて川漁師という最もふさわしい道を歩むようになる。では、そもそも弥太さんは、なぜ魚に興味を持つようになったのだろう。

## 頭がようなると外へ出てしまうき、わしは遊べ遊べと育てられた

わしの子供のころの話かね。とりたてて変わった話はないけんど、そりゃあ漁師になるばあじゃき、子供時分から川遊びは好きじゃったわね。だいたい今の子らあのように、テレビゲームじゃラジコンじゃいうようなものはなかったけ。遊ぶというたら、もう川か山しかなかろう。

冬はコボテというて、木の枝をバネに利用したギロチンよね。この罠で小鳥を獲ったり、トリモチでヤマガラを押さえたりしてよう遊んだぜよ。水が温（ぬく）うなったら相手はもっぱら魚よ。アユの子を掬（すく）う。ドンコやカマキリ（アユカケ）を突く。ウナギやカニ（モクズガニ）の仕掛けを入れる。毎日、お祭りみたいなもんじゃった。あのころ、子供にとっていちばんのおもちゃというたら、生き物じゃわね。

学校から帰ったらカバンを放り投げて、いっつもパンツ一丁で魚獲りよ。川から上がったら野球に熱中。それやき、わしは勉強ちゅうもんは、まあ自慢することでもないが、やったという記憶がないのう。今も黒い黒いとからかわれるけんど、わしの顔の黒いがはその時分からよ。写真を撮ったらいっつもカメラの露出が狂うて、歯あばっかり白う写る子じゃった（笑）。

生き物好きの下地いうがは、もともとあったがじゃろうが、川漁師になった直接の影響は親父よね。わしの親父は治平というて、たしか明治36年の生まれじゃった。はじめは呉服屋をやりよったんじゃが、殺生好きが高じてか、そのうち魚屋に商売替えをしてしもうた。

越知（おち）いうところは山の中じゃが、須崎（すさき）の海に近いきね。戦前でも木炭トラックで、わりかた新鮮な魚が入ってきよった。海の魚も扱う一方、自分もアユやらウナギ、カニらあを獲って売り始めたわけよ。うちの系統は屋号を山田屋というて、昔から漁好きが多い。従兄弟らあにも釣りの好きな者がけっこうおる。わしが漁で飯を食うようになったがも、一種、血筋じゃないろうか。

わしは治平の跡取り息子じゃが、ほんとうは六男じゃ。下の弟は七男。けんど、わしより上の男の子は、ひとりも残っちょらんが。みな、小さいうちに死んでしもうちゅう。抗生物質のような、えい薬のない時代じゃき、はしかばあでも簡単に死ぬる。荷車に乗ってトリモチ遊びをしよった兄は、立ち上がった拍子に車輪が動いて落ちて死んだ。

ひとりの兄貴は、数えの16歳で1m78㎝あった、当時としては大きな男よ。ここより下流の鎌井田（かまいだ）というところで宮相撲があって、本物の相撲取りも来るという。それに出んかと誘われて、夜、自転車に電池式のライトをつけて山道を行きよったがね。ところが途中でライトが切れて、谷に落ちて頭を打って、3日後に息を引き取った。5人おった男の子がひとりもおらんようになった。困ったと思うたら、明くる年、ひょっこり生まれたのがわしよ。間ものう弟も生まれた。

親父は、子供から見りゃあ、えらいものわかりのえい親じゃったのう。弥太郎、勉強はどうでもえいき川で遊んでこい。ウナギやカニを獲ってきたら、全部買うちゃるきに——。

こんな調子じゃき。けんどこれは、後で聞いたら、わしが魚好きになるように仕向けるための計算じゃったらしい。当時の親父の持論というがは、子供に教育を仕込んだら外に出ていってしまう、ということじゃった。

男の子を立て続けに亡くした親とすりゃあ、わしがほとんど最後の頼みの綱よ。その息子にすんなりとこんまい魚屋を継がせるには、勉強はジャマになる。それより川を好きにさせたほうがよかろう、という判断よね。

それやけ、学校の勉強らあ、強制するどころか見てもくれざった。教えてくれるがは、魚の習性や獲り方に関することばっかりじゃ（笑）。この方針におふくろは不満じゃったらしいが、親父のいうことも間違いやない。それで蝶よ花よではないが、遊べ遊べと育てられたわけよ。

気の毒ながは弟じゃ。わしのときの反動で、お袋から勉強せえ、勉強せえの毎日じゃった。実際、弟はわしよりもココ（頭）の出来がえいきに、その甲斐あって島根の大学に行きよった。ほいで保険事務の仕事に進んだがね。けんど、サラリーマンいうがは付き合い

後継者になることは期待していないが、川漁の風景や技術は孫たちの眼に焼き付けておきたいと思っている（河口でのゴリ漁にて）

泳ぎにきていた地元の子供たち。もちろんTVゲーム大好きの現代っ子。即席の釣りセットを作ってあげたら、目を輝かして遊び始めた

があるろう。偉うなったらなったで、ひところ話題になった官官接待のようなことも増えてくる。それで弟は、とうとう酒で体をこわして、今も療養中よ。

わしが親父の漁について回るようになったがは昭和18年、10歳ばあのときじゃったかね。終戦の2年前で、世の中うんと物が不足しだして、海の魚も配給制になった。たとえば、越知には今回、これしかブリをやれん。何本あるき、それをひとりあたり何匁、何人分に切り分けて売れ、という指示が来る。

けんど、数えてみたら5本ばあ足りんわけよ。次の配給でも何本か少ない。大の男が3人も付き添うて数えてくるに、おかしい、どうしたことじゃと、わしがトラックの幌の中に隠れちょったら、謎が解けた。

車が坂道にさしかかってスピードが遅うなったとき、男がよいしょと飛び乗ってきた。押さえてみたら盗っ人よ。魚を放り投げて、降りて拾うて逃げるという手口で、いっつも坂のところで待ちょったわけよね。

それればあ世の中が魚に不自由しよった時代じゃき、ウナギはえい稼ぎになった。親父は竹を編んでモジ（8ページ参照）をこしらえて、自転車に50本ばあくくりつけて、ガタボコの道を歩いたもんじゃった。

当時は自転車のタイヤも配給で、パンクを直しながら乗っても、1年したらもうズタズタで乗れんようになる。もったいないき、人は乗らんとモジだけ載せて押すわけよね。

仕掛ける場所はここからそう遠うはないけんど、仕掛けて家に帰って、また翌日揚げにいきよったら、やき、たいてい弁当持ってけ傷むろう。自転車がそれだけ泊まり込みよ。河原の小砂利のところに毛布を敷いて、満天の星を見もって親父と眠る。今でいうキャンプよね。そりゃあ気持ちのえいもんじゃった。

一度は、寝よったら大雨になってのう。これはいかんと、近くの田んぼの入作小屋に避難した。雨に濡れんがは助かったが、体じゅう蚊に食われて一睡もできんかった。親父はそういう体験をさせもって、モジの作り方を教えて、あの谷のそこに浸けてみい、そこはどうじゃという。ほんでひとりでウナギが獲れたら買うてくれる。

障害なく水辺まで降りられ、抵抗なく水に触ることのできる川。今の日本に、いったいそんな川がどれぐらい残っているだろうか

親父は、そういう合間にさりげのう「弥太郎、土用の丑の前の雨にはよう気をつけちょけ。大水になることがあるけ、モジを流されんようにせんといかんぜよ」とか、「今度の月回りはよう入るろう」というように、昔からの言い伝えや秘訣を口にする。今思うたら、一種の職業教育じゃわね。

こうしてわしは、親父が望んだように魚屋を継ぎ、川漁もするようになった。店は途中、雑貨屋に変わったけんど、漁は今もずっと続けゆう。

## 川で泳ぎを覚えた子供は、少々のことで溺れたりはせん

では、弥太さん自身が父親になったとき、子供たちにどんなことを期待したのだろうか。長男の和久さんの証言が傑作だ。

「うちの前に小さい川がありまして、あるとき親父が、あこへカニカゴを浸けちょけ、絶対に獲れるき、というがです。次の日行ったら、たしかにツガニがごっそり入っちゅう。後でわかったことですが、親父がこっそり入れちょったがですわ。なんとしてでも僕を川漁師にしたかったらしい」

子供のころの遊びといえば、泳ぎも忘れてはならんじゃろう。魚を獲るにしても、ただ

水遊びをするにしても、泳ぎができんことには楽しゅうないし、第一、危ないわね。

わしらのころは、もう小学校に上がる前から犬掻きばあは誰でもできよった。それで稽古してから平泳ぎやらクロールを覚えて、深いところ、流れのあるところへ出た。それぐらいの歳までは、親や上級生が、誰彼とのう「見よってくれよ」と注意しおうたもんじゃった。

子供の泳ぎを早う達者にさせよう思うたら、泳ぐ方法を教えるよりも、まず好きにすみ込ます（潜らせる）ことよね。カガミ（箱眼鏡）で「見てみい、あこにきれいな石があるぞ。とってこいや」というふうに、好奇心をくすぐるがいちばん。きれいなシマドジョウがおった、ウソでもかまわんけ、大きなウナギがおったといえば、子供は見てみたい、

プールは言い替えれば川の代用施設。やはり泳ぎの基本は、海や川といった自然の中にある。水泳はスポーツである前に遊びなのだ

つかまえてみたいと思うろう。

これが自然の川にはあって、学校のプールにはないことじゃろう。潜ること、息を継ぐこと、水の中で遊ぶ楽しさを覚えたら、泳ぎのようなもんはじきに身につくもんよ。もっとも、わしが息子に教えたときは体を縄でくくって橋の上から放り込みよったがね（笑）。仁淀川には、今も川で泳ぎゆう子らあがどっさりおる。大きな子になると、高い岩盤から淵に元気に飛び込みゆうけんど、あればあになったら、まあ少々のことでは溺れたりはせん。泳ぎの技術もそうやが、川というもんが肌でわかっちゅうきね。

怖いがは、プールだけで覚えた泳ぎよ。もう20年から前になるが、支流の柳瀬川でのことじゃった。親子がおって、子供は川遊び、親は魚釣りをしよった。その人は学校の先生じゃ。その場所というがこじゃんと危ない場所で、三面張りのがっくり落ち込んだ深みよ。

子供はまだこんまい。わしはいうたがよ。「先生、これは危ないぜよ」。ほんなら「いや、私は水泳ができるから、いざというときは飛び込むから大丈夫」という。わしはそれ以上いわざった。自信たっぷりじゃったきね。けんど、なんぼ自分が泳ぎが達者でも、釣りをしよったら目配りらあできん。第一、川で泳ぎを覚えた人間やったら、そういうところで子供を遊ばせるような無茶なことは絶対せんがやけどね。

それからしばらくたって、わしはその先生に会うたとき、こういわれた。「あんたは川のプロじゃ」と。どういうことよと聞いたら、あれから1週間ばあ後、釣りの最中に子供が溺れて死んだがじゃという。あのときわしの忠告を素直に聞いちょったら、子供を殺さずにすんだのにと、何日も墓の前で泣いたそうじゃ。

川というがは怖い。やきいうて子供らを水から遠ざければ、怖さを知らん子が増えるだけじゃろうし、川の面白さを知る機会ものうなってしまう。そのへんをどう考えるかは、親の判断じゃろう。

第4漁

# ツガニ

秋に盛期を迎えるツガニ（モクズガニ）は、最も重要な漁の対象であると同時に、興味深い生態を持つ生き物。彼らは川の健康度を示す、おいしいバロメーターだ。

## カニは片道100㎞も一歩ずつ横歩きでくる。たいしたもんよ

わしらがいつも、カニ、カニと呼びゆうのはツガニのことじゃ。サワガニのことは赤子(あかご)というわのう。から揚げにすりゃあ食べられるらしいけんど、さあて、うまいかね。もそもそするがじゃないか。ここらではまず食わん。食うのは、もっぱら大けなツガニばっかりじゃ。

越前らあでカニというたらズワイガニをさすのと一緒で、ここら川筋では、カニいうたらまずツガニ。ツガニという名もほんとうは方言で、図鑑ではモクズガニいう名前で出ちゅうらしいがね。体が灰色から茶色をしちょって、ハサミのところに茶黒い毛ぇがふさふさ生えちゅう。ちょうど人の手ばあの大きさじゃね。なかには海のカニに負けんようなもんもおる。

あんたら、このカニが、海から上がってくるいうことを知っちゅうかね。あれらあは、足掛け3年したらまた海に帰っていく、ウナギやアユと習性のよう似た生き物ぜよ。

冬のかかり……そうじゃねえ、10月の末から11月にかけてじゃろうか、小指の爪ばあの足の長い子ガニが、下流のほうで見えるようになるわね。これは明らかに海の端におる小さいカニと格好が違う。これがだんだんと上へ移動をする。昔はどっさりのぼりよったけ、

これを獲る漁もあった。1月から2月にかけて、近（ちか）の者がよう板を背負うて川へ行て、登り込みで獲りよったわねえ。

冬にわざわざ、あんなこんまいもんを獲るということは味がえいがじゃろう。わしらは大きゅうなったカニしか相手にせんがね。この登り込みは、一般には登※り落ちという漁のことよ。

川を遡（さかのぼ）るというても、カニはアユやウナギのようには泳いではのぼれん。カメのように、ゴッチン、ゴッチン、それも横歩きじゃけね。そうやって川を歩いて、この越知（おち）町からまだ10kmばあ奥の谷まで旅をしよる。どれほどの距離になるかは地図で見りゃあええ。河口からわしの住みゆう越知まで、今の新しい道やなしに旧道を自動車で走ってきたらメー

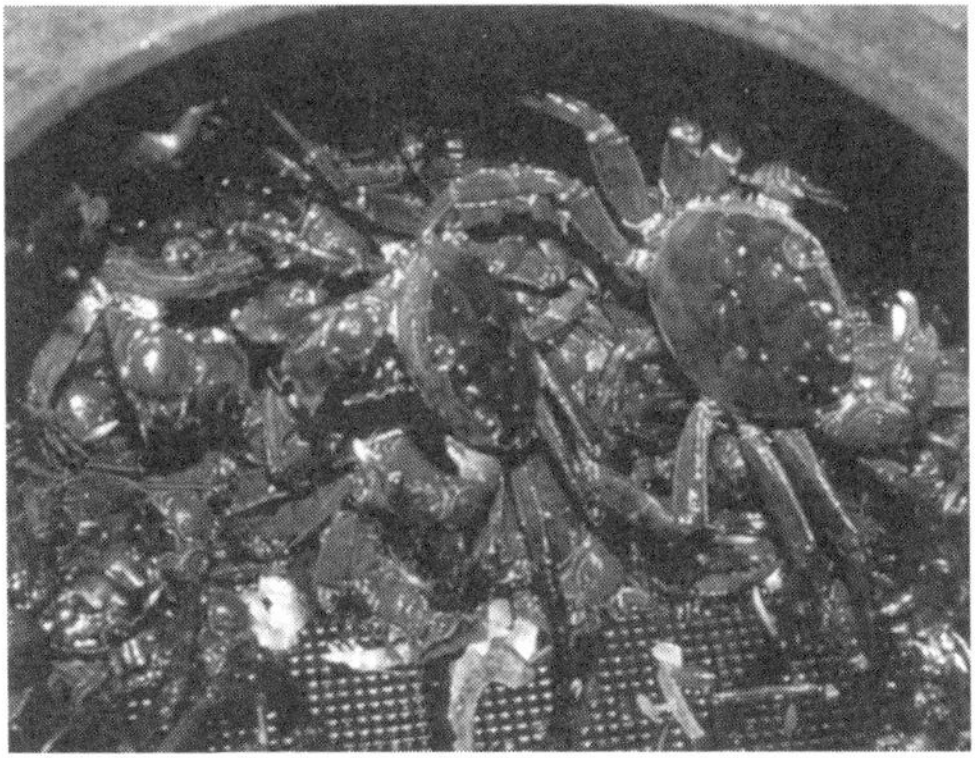

モクズガニ（イワガニ科）。サハリン以南から小笠原、南西・琉球諸島、朝鮮半島、台湾にも分布。中華料理でおなじみの上海ガニは近縁種

ターで出るわね。昔の道はだいたい川沿いを通っちゅうけ。

　四万十川でも、大正町ぐらいまではのぼるという話を聞いたがね。あそこも河口からは相当距離がある。ただ、ちょい先にお宮さんがあって、そこから上はおらんということじゃ。言い伝えがあって、神さんが通してくれんのじゃと（笑）。

　仁淀川では、愛媛県に入った落出(おちで)というあたりまで行くと、もうカニの姿はめったに見えん。ダムができる前からそうじゃったのう。

　それから考えたら、カニの移動する距離はおおかた１００㎞にもなるがじゃないかね。片道１００㎞というたら、車に乗っても、ああ今日はよう走ったなという距離よ。それを、あんなこんまいカニが脚で横歩きしてくるがじゃけ、たいしたもんよね。

　しかも、まっすぐに歩いてくるわけやない。あれらあは水の抵抗の少ないところ、緩(ゆる)いところを探してくるがやきに、実際に歩く距離は昔の街道の比ではないわのう。

　もちろん、なかには下流のほうで腰を下ろすもんもおるし、どんどん奥を目ざすもんもおる。それぞれが好いた場所で、餌食(えば)みをして大きゅうなるということじゃな。

　カニは3年で海に下るというたが、まあ、それはわしら川の端(はた)に住みゆう者の経験的な推測よね。

　生き物じゃき一匹一匹の成長は違うけんど、同じ大きさでも、2年もんと、その秋に下る3年もんはすぐにわかる。メスじゃったら2年もんはまだ卵がないき。やき、炊いても身が白いわね。オスにしたち同んなじ。黄色いはらわたが少ないわ。

そのほかにもいろいろな見分け方があるけんど、その違いはまた、あらためて実物で教えちゃろう。

脱皮は、わしは学者じゃないきにわからんけんど、大きいもんは年に2回ばあしゅうがじゃないかね。よう見るがは5月と7月の半ばで、7月以降には、脱皮殻はほとんど見ることがない。細(こま)いやつの脱皮はわからん。小さいきかしらんが、見た記憶があんまりないのう。

脱皮の場所は、うんと浅いところよ。停めちゅう船の下らあによう殻があるけ、夜のうちにすますがじゃろう。深い淵底におったらウナギやらナマズに食われてしまうきに。

セミと同んなじで脱皮には時間もかかるじゃろうし、脱皮したては殻がやりこい(軟らかい)。殻が元の硬さになるまでには、5〜6日はかかる。眼に付くところにおったら、じきに餌食になるろう。ほんでなるたけ浅いところを選ぶがじゃないかね。ガニクイという名もあるように、とくにウナギはやりこいカニが大好きじゃきに。

## わしのカニ獲り道具は廃物利用。いや、これだけはまだ教えられん

今は、仁淀の本流じゃあんまりカニの漁はやらん。本流よりか支流やら県内各地の名も

ないような川が多い。仁淀本流は、正直なところ頭打ちじゃ。あれは昭和50年代に入ったころと記憶しちゅうが、ナイロンの地獄カゴいうもんが出てきた。もともとは海で使う道具じゃったと思うが、よう獲れるいう評判で川筋でも売られるようになってから、カニがばったり減りだいた。いうたら乱獲よ。

これが出るまでは、割り竹をぐるぐると巻いた鳥カゴみたいな形をしたモジ（筌）を使いよった。

地獄カゴは、いっときわしもよう使うたがね。今でも持っちゅう。ただ、買やあ高い。遊びで3つ4つ使うぶんにはえいが、仕事の道具としてどっさり使うとなったら、割に合わんがじゃ。道具は水に流されることもあるし、地獄カゴはよう盗られるきね。既製品じゃき、どれも格好が同じじゃろう。こっそり引き揚げて、次から自分で使うてもわからんわけよ。わしが買うたカゴじゃと言い張ったら、それでしまい。

それと、カニの力というがはバカにならん。3日も4日も仕掛けたままにしちょいて、行ってみたら、全部抜けて逃げちょったということもある。何匹も何匹も繰り返し同んなじところをハサミで挟んだら、さすがのナイロン糸もかなわん。ボロボロになって破られらあね。

そんなこともあって、今は自分で道具をこしらえゆう。いやいや、これだけはいくらあんたらの頼みでも、公開するわけにはいかん。もうしばらく現役でおりたいき。ほかの漁

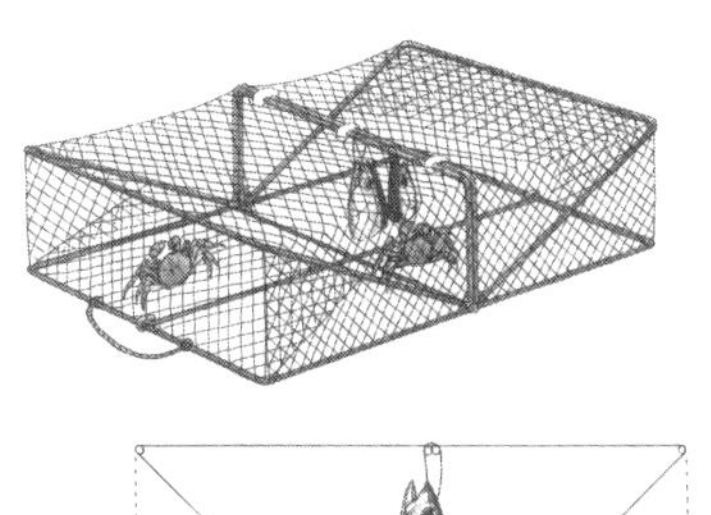

カニ獲りの原理。左は市販の地獄カゴ。入りやすく出にくい、筌（うけ・うえ）の一種。右は昔のカニモジ。真ん中に魚のアラを吊るしておくと、下流に向けた入り口からカニが入る。ただ、今、弥太さんはこれを使っていない。もっと効果的な自作仕掛けだ

都合で回収が遅れた仕掛けの中。エサのカツオのアラは、きれいにカニたちに食べ尽くされ、白い骨だけになっていた

のことならたいがい教えちゃるけんど、カニの道具の手の内だけはまだ堪忍してほしい。わしの生命線じゃ（笑）。

自分でいうがもなんじゃが、これは市販のカゴよりもよう入る会心の作よ。廃物利用で金もひとつもかかっとりゃせん。わしひとりがこの道具でやる限りは乱獲もないと思うが、みんながマネをしだいたら絶滅するけ（笑）。

カニの仕掛けは基本的にはウナギと同んなじで、匂いでおびき寄せちょいて、入ったら出られん方式じゃ。ただ、ウナギの箱とは違うて、中に入ったら、びっとの間じゃがエサは当たる（食べられる）ようにはなっちゃある。

カニが入りよいエサは、川魚ではアユがいちばん。それからニゴイにアサガラ（カマツカ）、オイカワにカワムツ。アサガラは身が硬うて腐らんけ、水の中じゃったら数日放っちょいても長持ちするエサよね。

いかんがイダ（ウグイ）よ。不思議なもんで、イダだけはウナギも食わん。しかたなしに使うてみたことはあるけんど、まず食わん。上流の者は昔、冬になったらイダをたんぱく源として食べたもんじゃが、カニやウナギは、人が喜んで食うイダも食わん（笑）。

効果が高いがは、やっぱり海の魚よの。いちばんが小アジ。それからムロアジにカツオ、サバ。これらあはアラを使う。身を使うと高いき（笑）。アラは魚屋にいうたらなんぼでもくれるがね。ただ、日照りに置いてすえた匂いのするようなアラはいかんぜ。やっぱり、血がしたたるような、赤い新鮮なもんやないと。

　魚の頭や中落ちを仕掛けの中にくくって、明るいうちに浸けちょくと、あくる朝にはカニが入っちゅう。アラの匂いというのはたいしたもんよ。仕掛けた端からエビやらゴリがスーッと寄って来よるけ。ドンコやらウナギが入っちゅうこともある。朝、揚げに行ってしゅっと覗いたら、カニらあは捕まったことも知らんとアラにたかって夢中で食べゆうわね。

　ただ、海の魚で唯一、いかんエサがクマビキじゃ。この魚だけはどういう理由かさっぱりカニが入らん。クマビキというがはシイラよね。小さいクマビキは少しましじゃが、大きなものになると、ひとつも効果がない。

　昔、親父が獲りに行ってこいというので、弟とモジを掛けにいった。弟には25匹も入っておったのにわしには入っちゃらんかったことがある。親父が「弥太郎、お前、兄貴のくせにどうしたことや。カニをひとつも獲っちゃあせんじゃいか」というた。

　ようよう考えたら、わしの使うたエサがクマビキのアラじゃったわね。弟はカツオのアラよ。その違いではないかと、その後何度か浸け比べしてみたけんどが、たしかにクマビキのモジには入らんことがわかった。

　カニが普段川で食べゆうエサかね？　そうじゃねえ、ミミズでも、死んだ魚やヘビでも、何でも食うがやないろうか。ようオイカワのオスが産卵後に死んじょって、昼間ぐるぐると淵をまわりゅう。次の日に見たら、きれいにないわね。エビやゴリも食いよるが、ほとんどカニの仕業じゃな。あれらあは川の掃除屋よ。

温血動物の肉は、魚ほど好まんようじゃ。鶏のガラで獲るところもあると聞いたことがあるがね。ただ、ひとっつも食わんということじゃのうて、土左衛門でも、引き上げたら耳とかに傷がいっちゅうという話よ。

わしらが子供のころは、カエルの皮を剥いて藁にくくっちょいたら、すぐに寄ってきたき、そのまま挟ませて釣り上げてよう遊んだわね。

自然では、おそらく川のサイ（水垢）らあも食いゆうがじゃないかね。というがは、夏に獲ってきたカニを家のイケスで活かしちょいたら、なんぼ魚のアラを食わせたち、40日もしたら脚の毛がだんだん抜けて死んでしまうがよ。けんど、秋に獲ってきたもんじゃったら、40日どころか年が明けても生きちゅう。

どういうことかと最初は思うた。水温が極端に変わるわけやあない。ということは、魚のアラだけでは栄養が足りんがじゃないろうか。人間でいうたら脚気のようなもんじゃないか。ある栄養素を含んだもんを秋まで食べちょったら、そのあとイケスで囲われても生きれる。それはサイじゃと素人考えで思うちゅうがね。

## 成熟したカニの見分け方のひとつは、人と同じで「毛」じゃ

ツガニは、わしら漁師から見れば商品じゃけ、いっつも気になるがはやはり一匹一匹の値打ちよね。カニの値打ちは何かというたら、まずは大きさじゃ。太いカニは食べごたえもあるし、やっぱりそれだけ身もよう詰まって味がえい。

こういう大きゅうて立派なもんは無条件で値がつく。けんど問題は、ちいと小振りなカニらあよね。カニは3年で海へ帰る生き物じゃという話は前にもしたが、わしらあがもっぱら狙うのは、最終脱皮をすませた、海に帰る直前のカニよ。

そらあ、太いもんばっかしぎっちり獲れるに越したことはないけんど、実際の漁というもんは、なかなかそうはいかん。仕掛けには大けなカニもこんまいカニも一緒に入る。それはその日やら場所の運ぜよ。

混じったこんまいカニも売り物じゃが、そのとき値打ちを左右するがが、2年もんか、それとも3年もんかという成熟度じゃわね。小そうても、成熟したもんはうまい。けんど脱皮の終わっちょらんもんは、たいして味がせんき値打ちがないわね。その見分けのヒントが甲羅の色じゃ。

最終脱皮をしとらんものは、棲みゆう川によっても多少は違うてくるが、たいてい色が

仕掛けを沈める場所は、えっ、こんなところ？　というような細い流れ。むしろ仁淀の滔々(とうとう)とした本流よりうんと獲れるそうだ。漁具の工夫は企業秘密ということで、撮影に際しては市販のカニカゴを使った。あしからず

赤い（茶色い）がよ。最後の殻を脱いで完全に親になったカニは、だいたいにおいて青緑がかった色が強うなってくる。仕掛けから袋に空けるときに殻の色をざっと見りゃあ、ああ、これはこんまいけんどそこそこ売り物になるか、持っていんでも（帰っても）値打ちの低いカニかいう見当がつくわね。

1匹で300円もの値段をつけられるような立派なもんばっかりが獲れりゃあえいけんど、値のつけようもない放流クラスのカニばっかりやったら困る。それやけ、仕掛けを揚げるときに目に入ってくる甲羅の色というがは、それなりに気になるもんながよ。

成熟度を見分けるもうひとつの大けなポイントは、これは人の場合もそうじゃが、毛じゃわのう（笑）。

この赤いカニの脚を見てみいや、毛がだいぶ少ないろう。こっちの青いがは、ハサミのところも脚の爪の先も、毛がもさもさしちゅう。

オスとメスでは、オスのほうが全体に毛が多いわね。同じメスどうしを比べたら、成熟したもんと未成熟のもんとでは、やっぱり毛の濃さに差があって大人のほうが毛深い。これははっきりしちゅう。

カニのオスとメスの一般的な違いはあんたらも知っちゅうろう。そうよ、腹のフンドシの形が細長いがオスで、幅のある丸い形をしちゅうがメスじゃわね。ツガニのメスの場合は、このフンドシのまわりにも茶色い毛がはみ出るように生えちゅう。オスは生え

## ●カニの見分け方は「フンドシ」がポイント

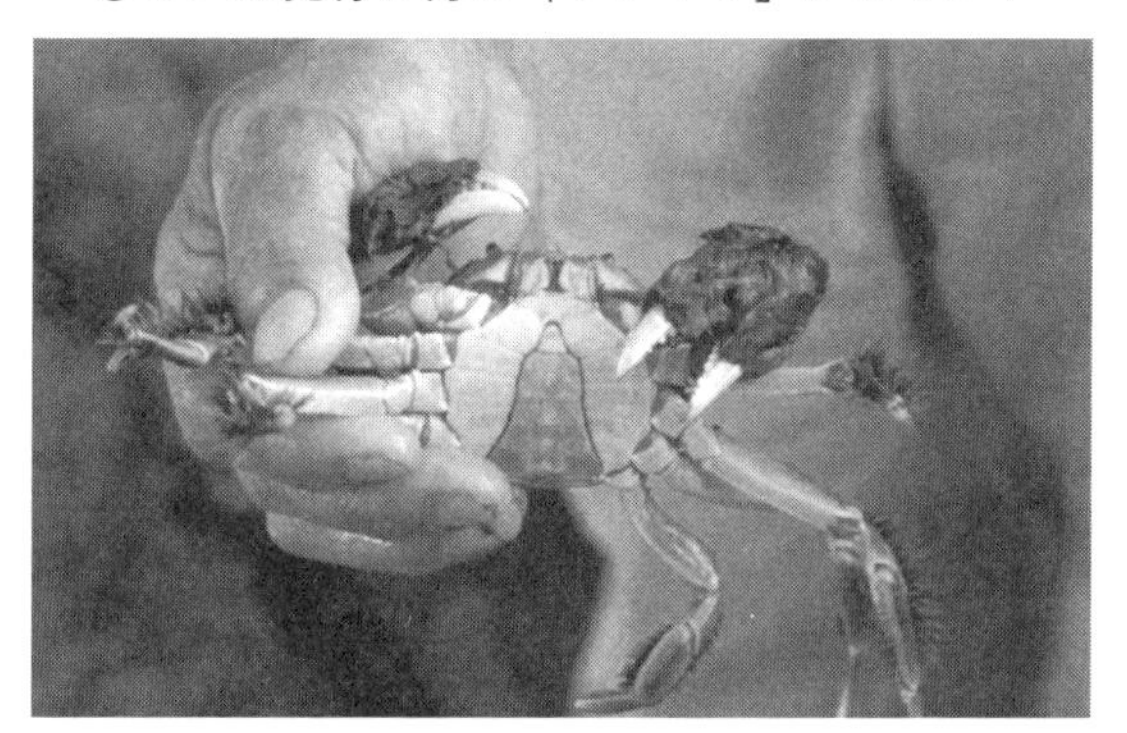

オス。フンドシ（腹肢）の部分が三角形で、ハサミの毛（軟毛）も藻屑の名の由来どおり、ふさふさだ。腕も微妙に長いと弥太さんはいう

メス。フンドシの部分が丸く、成熟したものは周囲に毛が生えている。ハサミも小さめで、ハサミの毛もオスほどは立派ではない

大きさは同じだが年齢が違うと弥太さんがいうメス。左は最終脱皮をすませた成熟個体。右はもう１年川に残ると思われる個体。フンドシの形と毛に注目

まれに獲れる、弥太さんがオスとメスの中間と呼ぶ個体。たしかにフンドシの形が中間で、未成熟ではない証拠に周囲には毛が生えている

ちょらんがね。

それとメスの場合、このフンドシの形と毛の生え具合でも成熟度がわかる。2年もんはフンドシの形が長丸い。丸いことは丸いが、栗のような形というか、先が少しとがっちゅうわね。毛もだいぶと少ない。最後の脱皮を終えた3年もんになると、フンドシはもっと幅広い丸になって、毛もたくさん生えちゅうがよ。

あとは、ハサミの付け根（上腕）の長さよね。オスとメスでは、甲羅の大きさが同じならオスのほうが長いし、ハサミも毛も立派で大きゅう見える。同じ甲羅の大きさのオスどうしでも、2年生と3年生では、このハサミの付け根の長さと毛の生え具合が違うぜよ。もちろんハサミ自体の大きさもかなり違うてくる。

オスメスの比率は、全体ではメスが多い感じがするが、早いうちに獲れるがはわりかたオスが多いわね。

そうそう、たまにオスとメスの中性が獲れるぜよ。あんたら見たことがなかろう。そう思うて、イケスに活かしちょいたがね。このフンドシを見てみい、まっこと中間じゃろう。メスの2年もんにも似いちゅうけんど、ちゃんと成熟しちゅうがぜ。それが証拠にまわりに毛が生えちゅう。それから、全体の毛の生え方もハサミの格好らあも、オスともメスともつかん中間の雰囲気じゃろう。それやに甲羅の色は青っぽい。一応、ちゃんとした大人よね。

年に1匹か2匹、こういうオスメス中間のカニが獲れる。川で長いこと漁をしゆうと、こんな珍しいことにも出合うわね。

ところであんたら、カニはどうやって押さえるかね。そうかね、甲羅の後ろからつかむかね。で、ちゃんとつかめるかや。そうじゃろう、ハサミを振り上げてなかなかつかませてくれんじゃろう。カニと睨めっこしもって、さっとつかむがは難しいわのう。

わしらは、そんな押さえ方しよったらちっとも仕事にならんで。甲羅を背中から押さえるがは、まあ、いうたら悪いが素人さんのやり方よ（笑）。

もっと簡単に、それこそひょいひょいと石でも拾うがごとく捕まえられるえい方法がある。えい機会やけ、今日はそれを教えちゃろう。

まず聞くけんど、カニのハサミいうがは、どっちの方向に動くかね。そう、前には自由じゃき、腹からは押さえられん。それから、上にも動きよる。けんど、それより外側にはあんまり回らん。背中から殻を押さえるがも、その弱点を利用した方法じゃわね。

わしらが押さえるがは、昔から脚じゃ。カニの脚を握る。もちろん1本じゃったらいかん。まず間違いなしに挟まれるわ（笑）。けんど、横あいから3本か4本、一緒にぎゅうっと握ってみいや。あれらはまず動けんようになるけ。

そうよ、格闘技でいうたら関節ワザよ。1本じゃったら、ぶうらぶうらと関節が動きよるきに、ハサミも届く。2本一緒でもまだちったあ動く。けんど3本、4本一緒に握ったら、もう動きがとれんようになる。まあやってみい。というて挟まれてもわしは知らんぜよ。カニに挟まれるとか、ギギに刺される危険いうがは自分持ちじゃけ（笑）。

もうひとつ、ハサミを握り込んでしまう方法もある。脚を握るのが関節技じゃったら、これは押さえ込み技じゃわね。カニが万歳する前、ハサミをたたんだままのときに、タイミングよう真上からぎゅっと握って万歳ができんようにしてしまう。

よう魚屋にいくと、生きたワタリガニにゴムをかけて売りゆうろう。あれと同んなじことじゃ。これは両方のハサミを押さえ込んでもかまんが、左右どっちかでえい。この場合も、素早う、ほんで怖がらんとしっかりと握るということが大事よね。

弥太さんのアドバイスにしたがい、この日獲れたツガニの中では最も大きい、威風堂々たるレスラーのようなオスに挑んでみた。ペンチを連想する太いハサミの先はカギ状に尖り、試しに鉛筆を挟ませたら、かすかにめり込む音がして突起の数だけ穴があいた。あらためて立ち向かうとなかなか怖い。

カニの視野は案外広く、ザリガニを捕まえる感覚で挑むと、ハサミを振り上げてなかなか背中を取らせてくれない。つかんでも、すごい脚力で指がはじかれる。ところが脚のほうから攻めると、視野外なのか警戒が薄い。そのまま3本一緒にムンズと握ったら、たしかに硬直したように動かなくなってしまい、グローブのようなハサミが恨めしそうに空を切っている。まさに目から鱗（うろこ）の落ちるような必殺技で、これを習得したお父さんは、きっと子供から尊敬されると思う。

カニに挟まれたことかね。

子供のときから含めたら、そらあ数えきれんばあある。今もどうかしたら挟まれるぜ。漁師も人間やけ〝絶対〟ということはないぜよ。

何回挟まれても、あれは痛いもんよのう（笑）。ようやられるがが、お客さんが買いに来て、話をしながら数えとるときよ。

どうかしたら血が出よる。太いもんは、それこそ万力並みに力があるけ。ただ、痛いがは案外に、太いカニよりもこんまいカニじゃわね。指にクギを当てるがと針を当てるがではどっちが痛いかを考えればわかることじゃわ。こんまいカニは先のギザギザが錐（きり）のように細いきに、力は弱うても指に刺さる。

もし挟まれたときは、引っ張ったり振り回したりせんことじゃ。力を抜いてじっとすること。これがいちばんえい方法。あれはこっちが力を入れたら入れるばあ強うに挟み返してきよるきね。それか水の中に入れたら、じきに離す。

いずれにしても、カニと接するときいちばんいかんがが、こわごわ、のろのろとするこ

## ●弥太郎式カニ固定法3態

脚をホールドする基本技。3本、ないし4本を一緒に上から握り込む。第一関節がすべてキメられてしまうので動くことができない

ハサミを脚と一緒に押さえ込んでしまう方法で、これは片側の押さえ込み。ハサミはここまで届かないので、まず挟まれることはない

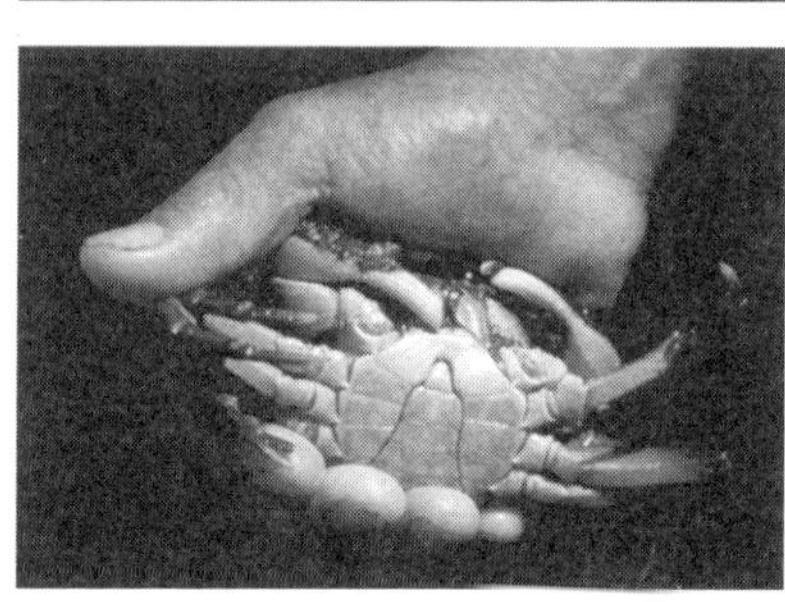

これは手のひらで、両方のハサミを真上から押さえ込む方法。ハサミの動きさえ封じてしまえば、カニは石ころ同然。少しも怖くない

とよ。思い切り、素早ようつかむこと。そうすりゃあ石や芋でも拾うみたいに扱えるし、もし挟まれても大したこたあない。

そういや昔、カニ獲りのときにこんなことがあったがよ。今は川へ行くのに四輪駆動の軽トラックを使うけんど、若いころはバイクじゃった。あるとき、川で獲ったカニを林檎箱ふたつに入れて走りよったら、ある畑のところで荷がゆるんで、全部ぶちまけてしもうた。

昔の林檎箱は、ひとつにだいたい200匹ばあカニが入った。やき、ふたつで400匹ばあよ。箱から転がり出たカニが、あっちへぞろぞろ、こっちへぞろぞろと歩き出して逃げよったわね。

ちょうどこのとき、畑でおばあさんがおって一部始終を見ちょった。そしてわしにこういうた。

「すまんよう。たいがいのもんじゃったら拾うがを手伝うちゃるがじゃが、生きたカニだけはどうもならん」

そんなわけで、ひっとり必死に拾い集めにかかったがね。いやあ慌てた慌てた。なんせ、その日の働き全部が、銭そのものが這うて逃げて行くがじゃけ。まあ、カニであんな忙しい思いをしたことは、後にも先にもあれだけじゃ（笑）。

これを自慢というてええがかどうかはわからんけんど、このときのカニはほとんど逃がさんで箱へ回収したぜ。

カニの押さえ方のようなことも、子供のころに親父に教えてもろうたが、いうたら川の文化よね。生き物遊びが好きな子じゃったら誰でも身につけちょったことじゃが、さあて、今のここらの子らあは知っちゅうかどうか。やっぱりザリガニを押さえるように背中に指を回すがじゃないかね。遊びでカニを獲るようなことも、やらんようになったきに。

## カニは奥へ行けば行くばあ大きゅうなるがを知っちゅうかね

ぼちぼち漁の話をしようかね。

今、わしがカニを獲るときは、仁淀川本流よりも、名もないこんまい川を狙うというたが、それは必ずしも人の裏を掻かんかったらよい漁はできんから、という理由だけやない。海に下ったカニが、どんなところで産卵しとるかは知らんぜ。が、いずれにせよあの手の生き物は、孵(かえ)ったばっかりのときは泳がんと漂いゆうがじゃき、潮の流れも穏やかやないといかんろうし、塩の甘さにも条件があるがじゃないかね。

仁淀川というがは、川の中流が直接潮の速い太平洋の荒海に注ぎ込んじゅうような川で、カニの立場にたったら、もうひとつ環境が単純な気がするがよ。

深い湾に流れ込んじゅう川やったら潮の流れも穏やかよ。磯やら浜やらで変化に富んじょって、カニの子供らあも休みよい気がするが、どうじゃろう。

実際わしの経験でいうたら、静かな入り江に注ぐ川やったら、規模のわりにカニがよう獲れるわね。見た目は貧相な流れやっても、仕掛けを入れてみたらうんと入るということは、海の環境の関係もあるがじゃないろうか。

ところで、ツガニは本流より支流、ひとつの谷でも奥へ奥へと行ったほうが大きゅうなるがを知っちゅうかね。

仁淀川でも、伊野（いの）町あたりの主（おも）の川（本流）で獲れるもんは、もちろん例外もあるけんど、全般にこんまい。前にもいうたように、カニは大きいほうが値打ちがある。わしが近所であんまり獲らんと別な川へ行くがは、この能率の問題も大きいがよ。

いや、これはほんまのことぜよ。一緒に仕掛けを揚げに行たらすぐにわかるけ。ひとつの谷でも、下と中と上に掛けちゅうろう。順に揚げて行たら、棲んどる場所とカニの大きさの関係がはっきりわかるけ。

夏の終わり、弥太さんの軽四輪車の後について名もない林道を奥へ走った。スギの下にはシイやアオキなど常緑の雑木が生え、ところどころ陽の当たる渓谷の石は、青く苔むしている。斜面の岩が荒々しくひっくり返っているのはイノシシの仕業だ。こんな山奥の細流に、漁になるほどモクズガニがいるとは信じがたい。

ところが、弥太さんが小さな淵から揚げた仕掛けには、必ずガサゴソとたくさんのカニが入っている。しかも上流へ行けば行くほど、入っている平均サイズが半回りぐらいずつ大きくなっていくのである。

上へ行くほど大きゅうなるのは、石の大きさが関係しちゅうがじゃないかね。谷は上流へ行くほど石が大きゅうなってゴロンゴロンしゆう。カニはふだん、この隙間に入っちょって、ここから餌食(えば)みに出よるがよ。

この穴蔵が自分の体よりこまかったらどうぜ、隠れれんわのう。あれらあは上流に行くばあ大きな穴蔵があるのを知っちゅうがか、それともころ合いの穴蔵を探しながら上へ上へと歩いていくがかようわからんが、実際の結果として、奥に置いた仕掛けばあ大きなカニが入っちゅうわ。

カニの穴蔵は、まん丸でのうてもかまん。水際をよう見たら、石の隙間を自分で掘り出して、ひしゃげた穴を作っちょる。

子供のころは針金にミミズやらアジの子を通して、ウナギ釣りの要領で穴に差し込みよった。おったらすぐにゴソゴソきよる。そのままじゃと奥へ引っ張り込んでいくけん、挟ましたままそろりと騙しながら引っ張ってきて、出てきたら手で押さえる。家の前の小さい谷でも、昔は一日遊んだら10や20は獲れたもんじゃった。

ただ、上流でも、石が砕石のようにこまこかったり、石の隙間が砂で埋まっちゅうところはいかん。仕掛けてもカニは小さいし数が少ない。

主の川の場合も、アユがサイを食む大きな石のあるようなところが、カニにとっては棲みよい場所じゃ。とにかく基本は穴蔵があること。次に、水がきれいであまり淀んどらんところよ。下流の泥っぽい川にもおることはおるけんど、色が黒いし小さい。そんなわけで、自然に足は山のほうに向くわね。

結局、人が手を加えていない川ということが、カニにとっては理想の条件。これは石の裏に卵を産むカマキリ（アユカケ）らあも、いや、基本的にはどの生き物でもいえることじゃろう。

仕掛けを浸けるポイントは、ウナギのときと同じで、あれらあはふだんどこに隠れ、そこへエサの匂いを届かせるにはどこへ置くが効果的か、ということを考えんといかんのう。やっぱり淵。自然のエサが流れてきて、いったん溜まるがここじゃきね。それから石の多いところ。流れの向きも大切じゃわのう。とにかく、あれらあは匂いを頼りに寄ってくるがじゃき、なるべく入りよい向きに仕掛けておかんといかん。

ただ、淵の中は水が複雑に巻いちゅう。水は高いところから低いところへ流れるもんじゃいうても、入り口をただ川下に向けておるだけやったらさっぱり入らんこともあるわね。

川にもよるが、仕掛けと仕掛けの距離はだいたい40m。これがひと区間じゃ。エサの匂いが届いて、しかもカニがつられて歩いてこれる距離は、平均これればあのもんよね。その間の景色が複雑であればあるばあ、たとえばヨシが生えちゅうとか石や淵が多いばあカニは獲れる。ただ、距離を縮めてその間にふたつ仕掛けても、結果は一緒じゃ。手間をかけたぶん、差し引きの労力ではかえって損ということになる。

逆にそれ以上離すと入る数はたしかに多いが、回収に歩く延長距離と時間が長うになるきに、台風でも来たときは往生させられる。そのへんも頭に入れちょいて、点々、点々と距離を見ながら掛けて行くがよ。

カニ獲りはまっこと面白い漁じゃと思う。どういていうたら、こんまい川でも、この間浸けちょった場所の対岸の岸陰へ仕掛けを入れるろう。ほんならまた、ちゃあんと入っちゅうがよ。ここにも浸けちょけ、ここはどうじゃと仕掛けたら、やっぱり続けて入る。よう獲れるけ面白い。おそらく、あんたらあが想像しちゅうより、ツガニという生き物は川におると思う。少のうても高知の川にはおるぜよ。

けんど、カニもこれからは注意して見てやらんといかん生き物になるかもしれん。年々減りゆうがは事実じゃし、相変わらず治水、造林という名目の雇用対策で、川ばっかりやのうて山の奥まで重機を入れゆう。そんな想いがあっても、わしは漁師じゃき、カニの時期にはあちこちの川、というより山の中を子犬みたいに駆け回りゆう（笑）。

一度浸け場に選んだところは、道具を掛けっぱなしにしちょいて、カニを回収しもってエサを交換して歩くというのが、まあ基本。朝早うに家を出て谷を車で回り、昼飯時に家に帰ってこれれば、その日は早いほうじゃろう。ポイントは40～50か所あるけ、全部回ったら晩までかかることがちょくちょくある。

ときには天気が悪かったり用事ができたりで、10日以上も揚げに行けんこともある。そういうときは、すぐ揚げに行ったときよりもよう入っちゅうわ。数日はエサが残っちょるがじゃき。ときにはエサを食い尽くして、残った骨も食べ尽くして、共食いしゆうこともある。そのとき真っ先に食われるのは、死んだり弱ったカニよ。そういう面ではたくましい生き物じゃわね。

1回の漁かね？　ひとつの仕掛けに平均20匹ばあ入ってなかったら、まあまあの漁とはいえんろう。もちろん場所や時期によっては3つ4つということもあるし、ここ近年での記録は、ひとつの仕掛けに一度で64匹というのが最高じゃった。

## ひと晩で300獲ったときは、してやったりという思いじゃった

カニは、のぼってくるときもそうじゃが、産卵に海へ下るときはとくに慎重で、とにかく安全なところ安全なところを選んで通りゆう。カニの甲羅は外敵には強いけんど、衝撃

にはあっけないほど弱いきのう。見回りに行くまでに大雨が降って水が増えるわね。回収が間に合わんときは、仕掛けがもみくちゃにされて、中のカニは粉々になっちゅうぜ。

そればあ脆(もろ)い。やき、まともに滝から落ちて岩にでも当たったら簡単に体が割れる。あれらあはその弱点を自分で知っちゅうき。そのために持っちゅうがが脚という道具よ。カニは水陸両用じゃき、台風のときは陸に上がって藪の中で水をやりすごしゅうし、垂直の堰堤(えんてい)も、コンクリに爪をかけてガジガジとのぼっていきよるぜよ。そうじゃき、アユやらアメゴがのぼれんような堰堤の上にも、カニだけはようけおる。

海に向かう時期は、もちろん水の流れを利用して下るけんど、なるべく流心を避けて、流れの弱い場所から弱い場所に向かって泳ぎ渡りゆうがね。

途中に堰堤があると音でわかるがか、不思議なもんで、すんぐ上の淵から陸に上がって藪を巻いて降りちゅう。そういう場所では淵の縁に仕掛けを置いたら必ず入る。共通の道じゃきに下が滝の場合も、流心には入らんように注意して、岩の上を一歩ずつゴッチン、ゴッチンと降りよるわね。瀬の中やったら、もちろん水の流れに逆らうことはできんけんど、必ず水の緩(ゆる)いところを選んで泳ぎよる。

結局、常に川の蛇行の内側を通る。前にもいうたけんど、下りウナギはこれとは逆で、流心を一気に泳いで海へ行く。このへんの違いも面白いわね。

11月の15～16日前後に、ここらではよう大きな水が出るわね。上から順々に合流して団子になったカニは、そのとき川をいっせいに下り出す。そうなったらもうエサを使う仕掛けは終わり。主の川（本流）に鉄筋と網で瀬張りをして、真ん中に大きなカゴをつけて待ち受ける「下りモジ」の番じゃ。

このとき大切ながは、カニを受ける位置よ。近くどうしに仕掛けたカゴでも、片方は4つや5つやのに、片方は50匹ばあ入ることがある。カニの下る流速や場所は決まっちゅうき。その下り道を知って掛けるがと漫然と仕掛けるがとでは、当然、漁に大きな差が出る。

繰り返すけんど、カニは下りのときは外側にはじかれて岩にぶつけられたりせんように、流れの内、内と選んでジグザグに行きゆうけ、それに合わせて場所を選ばないかん。

昔、友達とこれを掛けたときのことじゃ。水の濁っちゅう日じゃったが、行ったら鉄筋がごそごそ動きゆう。カニがびっしり張り付いちょって、水圧で鉄筋が動きよったがよ。ものすごい数じゃった。集めて10分たたんうちにまた4～5匹入るという具合で、結局ひと晩で300いくつ獲った。あのときはしてやったりという思いじゃった。

## どんな漁でも「シヨセ」という生き物の動くタイミングがある

ツガニは、秋になったら海で卵を産むために川を下る。わしの経験からいうと、真っ先に移動を始めるがは、枝になった谷奥におる大きなもんじゃわね。

産卵というがは、アユでもフナでもそうじゃが、いっせいじゃき。遠いところまで行たもんは、早う戻ってこんかったら全体行事に間に合わんわね。ほんで奥におる大きなカニばあ早めに下るがじゃないかと思うがね。これらが連れ立つように順々に谷を降り出すと、わしらのカニの漁もいよいよ最盛期よ。

下りはじめの目安は、イタドリとかシーレ（ヒガンバナ）の花じゃ。これが咲き出したら、それまでは掛からんかったような大きなカニが、谷の真ん中ぐらいのところへ置いた仕掛けにも入るようになる。ごそごそ歩いてきゆうところをつかまえて、「おまん、どっから来た」と問うたわけじゃあないが、今までよりもひと回りもふた回りも大きなカニが下の仕掛けで獲れゆうこと自体が、移動を示す証拠よ。

奥の谷から下ってきたカニは、外見でもわかるぜ。甲羅や関節の角のトゲが丸うなっちゅうというか、のうなっちゅうけ。ゴッチン、ゴッチンと下りゆう間に、すり減ってしもうちゅう。ほん近くにおったカニは、そんなことないで。このトゲがしっかり残っちゅうわ。

カニは慎重に川を下るというても、中にはうっかり足を踏み外すもんもおるぜよ。そういうカニは、落ちたときにショックのかかった片側の脚ばっかりもげちゅう。脚の欠けたカニは上手に歩かれんけ、やっぱり全体行事には遅刻をするのう。脚のもげたカニがよう仕掛けに入るようになったら、この漁も、ぼちぼちしまいということじゃ。

上はシーズン晩期の中流での漁法。産卵のため集団で川を下るカニのルートを読み、大がかりな仕掛けを設置する。下は初～盛期の支流で行なう漁の方法の一例

脚やハサミのもげたようなカニは、食べても、もひとつ味が落ちるわね。もげてもまた脱皮のときに生えてくるんじゃが、身やのうて、そっちのほうへ栄養がいくがじゃろうな。とくに両方のハサミをなくしたカニはおいしゅうないの。エサが上手に取れんがじゃないかね。やっぱり。

大きなカニは、もう7月の末には上流を出発しゆう。途中餌食みをしながら下のこんまいカニのところへ達するまでに、わしの見当では40日ばあかかりゆう感じじゃのう。これは毎年変わらん。去年は何月何日ごろからよう獲れるようになったとカレンダーにつけても、翌年あてになるとは限らんけんど、花を目安にしたらだいたい間違いないわね。「イタドリやシーレが咲き出すと谷のカニは下る」。これは昔から年寄りらあがいいよった自然の暦じゃ。

ただ、秋になっても雨が少のうて、谷が瀬切れしたままじゃったら、カニは絶対に下へは降りなあね。雨が降って川の水がつながるがをひたすら待つほかはない。もう下る時期やに雨が来ん。そんなときは、主の川にはカニが入らん。

いよいよ降って瀬切れしよった川に水が戻ったら、ちょっとの間——1週間から10日ばあの間に、あれらあは次から次と団子になって主の川まで下がってきゆう。

主の川から海へ下るがは、秋も終わりのほうじゃ。しばらく合流したあたりでひと休みして、またいっせいに動きはじめるときを待つ。こういうきっかけというか潮時のことを、わしらはシヨセと呼びゅうがね。

その最大のシヨセが、11月に入ってからどっと出る大水よ。前にもいうたが、その時期は川に鉄筋を打ち込んで、大きな下りモジを仕掛けちょく。シヨセに当たった直後は、それこそ面白いように獲れるわね。

それがだんだん少のうなっていって、最初に100匹入ったら明くる日は80、次は50というふうにすうっと減っていく。水がすっかり収まったころにはだいたい下りきって、その年の漁はしまい。

けんど、たまたま11月に大きな雨が降らん年というのもあるわね。「今年は落ちアユも長いことおるのう」という年は、仕掛けを入れたら年明けの2月でもちっとはカニが獲れる。カニにとっては迷惑じゃろうが、わしらは仕掛けを水に流される心配をせんでえいし、あれらあも足止めになっちゅう間は栄養補給をせんといかん。エサを入れたカゴを沈めたら入るけ、都合がえいわね。

最近は7月1日から年内いっぱいという決まりがあって、年明け以降はカニ獲りをやられんが、大雨がない年は期限ぎりぎりまで可能じゃ。

ただ、雨が降らんかったがために海へ行かれんということになったら、カニというがは種が絶えてしまうけんど、そこはようできたもんで、そんな年はもうひとつシヨセがあるわ。子を残さねばという強い本能が働くがじゃろう。ある日をきっかけに、あれらあはまたゾロゾロと動きよる。

それが冬の風、今でいう木枯らし一番のような強風よ。杉の枯れた葉っぱとかイチョウの葉っぱが飛ぶばあの大風が吹いたら、カニはそれを合図に水がのうても下がる。

わしの若いときの話じゃがね、12月のはじめごろ、モジを川に掛けちょいてしばらく待ったことがある。もうよかろうと1週間目の朝に1回上げに行ったら、入っておったのはたった20～30匹のもんじゃった。

大風が吹いたのは、たしかその日の午後よ。夕方近く親父の漁友達がきて「治平さんよう、今日は妙なことやった」と世間話をしはじめた。

わしの親父は治平というがよ。

「どうしたよ」と聞いたら、「落ちアユを獲ろうと淵で網を投げたら、カニがいくつも搦(から)みかかって、はずすがに往生したぜ。昼間、それも雨ものうて水は少しも動いちゃあせんに、妙なことがあるもんよのう」という。

それを聞いた親父は、わしに「弥太郎、これから仕掛けをもう一回見に行って来いや」という。わしは逆ろうた。1週間も掛けどおして30ばあしか獲れんものが、取り上げたその日のうちに入るかよ。何でもないことというなと。そしたら親父がこういうたがね。「いや、弥太郎、これはシヨセというもんじゃ。いうたらその生き物の、ひとつの日和(ひより)じゃ。間違いのうカニは入っちゅうけ、すぐに行って来い」

今朝上げた仕掛けに、夜にもなっちゃあせんのにカニが入るわけがないと思うたが、あんまり親父がいうけ、夕方渋々行ってみたがね。

見てびっくりよ。あれは忘れもせん。154匹。昔は竹のモジじゃったが、竹の隙間という隙間から毛の生えた脚が長々と出ちょって、モジ全体が茶黒う見えとったわね。

家に帰って報告したら、親父はひとこと、「弥太郎、これをよう覚えちょれ」というたわね。それから何か自然のサインのあるごとに、親父は「今日はシヨセぞ」というて、わしを仕込みよった。

たとえば下りのアユよね。あれも雨のほかに、木の葉や帽子が飛ぶばあの風が吹いたときがシヨセになる。昔の腕のえい川漁師はそれを知っちょって、瀬の浅い肩でアユが下って来るがを待ち構えちょったがよ。

そういう話も、若いころは家だけの秘密で、人には内緒じゃった。川で漁をする商売敵がのうなった今じゃき、世間に公開できる秘訣よ。

## 世の中にはうまい汁がたくさんあるが、仁淀のカニ汁も負けんぜよ

カニは8月ごろから獲りはじめるけんど、獲りはじめのころは、わしは買いに来た人に必ずこう確認することにしちゃある。「おまん、今時期のカニの味を知っちゅうかよ」と。

気の早い者は早うから食べたい。けんどわしは、夏の間はうまいとはいわん。「カニの匂いさえすればえいがやったら買うたらえい」という。うもうないもんをうまいというて売るがは信用問題じゃき。信用を築くがは時間がかかるが落とすがは簡単よ。夏のカニがうもうないというがは、まだ身が入ってないということじゃわね。カキやアサリも時期をはずしたら身が痩せちょって味がせんわね。ミカンもそう。ハシリは値が張るけんど、味そのものはまだまだ。ただ珍しいだけが値打ちじゃき。それでも店に置くがは、承知で買いに来るお客さんが多いき。とくに松山の人らがよう来る。あこらあの人はとにかくカニが好きじゃな。今は山越えの道路も便利になったけ、ちょくちょく自動車で来て、匂いさえしたら上等というて買うて帰る。

松山といえば、向こうのカニは春が旬じゃというがを知っちゅうかね。太平洋に面した高知は、四万十川でも9、10、11月の秋が旬。瀬戸内に面した松山あたりの川では春がうまいという。まっこと不思議よね。

ほんなら広島はどうかと思うて、こっちから広島に行った者に聞いたら、やっぱり春のほうがよう獲れて味もえいという。松山の人にそっちでは秋には獲れんがかよと聞いたら、いや、獲れるけんど味がようない、秋のカニは高知側がいちばんじゃという。ここらに負けんばあカニ食いの土地じゃき、話は確かじゃろう。

味がぜんぜん違うということは、産卵期が違う、つまりここらでは年内に降りるカニが、瀬戸内では4月5月に海へ降りるということじゃあないかとわしは想像するが、どうじゃろう。このへんの謎は、いっぺん学者さんに聞いてみたいもんじゃがね。

　オスとメスで人気のあるがは、やっぱりメスじゃ。海のカニではメスよりオスのほうがうまいとしたところが多いが、ツガニの値打ちは体の中に抱えた卵じゃき。生のうちは紫がかった調子じゃが、火を通すと赤というか濃いオレンジ色になって味が深い。10人中9人はツガニはメスがうまいという。もちろんオスも、卵がないだけで身の味はえいけんど。

　カニの料理は、なんというても汁がいちばんじゃと思う。世の中にはハモの汁、タイの汁、マツタケの汁と、うまい汁がようけあるが、仁淀川のカニの汁も負けんぜよ。

　この汁はカニを潰して作る。石臼に生きたカニをそのまま入れて、木の杵で細（こま）こう細こうに突き砕く。これをザルにとって出てきた汁を絞る。この汁を流したらいかん。汁が味を持っちゅうがじゃきに。

　絞った身にはまだダシがようけ残っちゅうけ、同じ量の水を足して、もう1回絞る。さらにもういっぺん絞る。この汁を鍋で炊（た）く。味は醤油に砂糖をびっと（ちょっと）。ほかに入れるものは秋ナス。越知（おち）町でカニを好む者はだいたいこういう味付けじゃが、伊野（いの）町あたりはあんまり砂糖を入れん。

　つくがは石臼がいちばんじゃろう。ミキサーでやると殻が細こうなりすぎるし、案外能率が悪い。カニの殻が硬うてミキサーの刃にもようない。ミキサーしかない場合は、甲羅をはずして包丁で刻んでから潰すことよ。丸のまま入れたらモーターが焼き付きよるきね。ただ、臼は汁が飛んで一度ついたらなかなか落ちんがが欠点よね。茶色いしみがいつまでも残る。それじゃき、わしはゴムの手袋をして臼を段ボール箱で囲うて潰しよる。

ついたカニの汁は、炊いたらじっきに中身が豆腐みたいに固まって浮いてきよる。肉やら肝やら卵のたんぱく質が熱と塩分で固まるわけよね。身がしっかり入った、いちばんうまい時期ほど、このカニの豆腐は固うなる。

秋というより、冬のかかりじゃね、ほんまにうまいのは。脂がのって身も団子のように固うなって味がえい。夏のかかりのカニは、こうは固まらんし、味にコクがまだない。カニの汁はうちでは最高のもてなし料理で、自分らも時期になると1週間にいっぺんは食べとるのう。

カニ汁といやあ、近所の子供に食べさしたとき面白いことがあった。こういう川沿いの土地でも、最近、カニはどの家でも知っちゅう味というわけではのうなったわね。

その子も初めてで、喜んで食べた。それを家に帰ってなんべんも親にいうもんじゃき、親が作り方を聞きに来た。カニをついて絞るだけよと教えた。後で、おまん、味はどうじゃったと聞いたら、ただモゾモゾするばかりでひとつもうもうないぞ、という。よう聞いたら、絞った汁のほうを捨てて残った殻を鍋に入れちょったと。このときはしばらく笑うたぜ。

カニ汁の作り方。臼(うす)で細かくなるまでカニを潰して鍋に絞り、残った殻に同量の水を加えて2度絞る。水はカニと同量程度が宮崎家流。味付けは醤油に砂糖を少々。香り高く濃厚なカニのエキスが、口いっぱいに広がる。秋ナスを入れるのがコツだという

簡単な食べ方では、茹(ゆ)でる方法もある。このとき気をつけんといかんがは、熱湯の中に生きたカニを放り込んだらいかんということじゃ。ショックを起こして脚が全部もげてしまうき。水にカニを入れて、それからゆっくり火にかけることよ。そうしたら脚は取れん。昔、バッテリーでウナギを獲った者があったが、そういう悪さをした後の川はすぐにわかった。電気のショックで、カニの脚がみんなばらばらになって沈んじゅうけ。

茹でるとき、もうひとつ気をつけんといかんのは生茹でじゃ。カニはジストマ（吸虫）を持っちょることがあるき、火はよう通さんといかん。

終戦後はとくに保健所がやかましゅういうた。カニはジストマがおるき、食べるのはやめちょけと。血を吐いて寝込むぞいうてね。生で食べたり、潰したときのまな板をきれいに洗わんと危ないだけで、火を通いたら安全なんじゃけんど、うるそういうたもんでひところはカニも人気が落ちて、わしもしばらく漁をやめちょった。

そのうち寄生虫のこともいわんようになって、逆に時代はグルメブームというやつよ。ツガニはうまいらしい、いっぺん食うてみたい――という人や、昔の味を懐かしむ人が増えてきた。それでまた商売として成り立つようになってきたがね。

※登り落ち……石や板で瀬の流れを変え、遡上してきた魚をひとつの流れに誘導、トラップに落とし込んでしまう漁法。ゴリやドジョウなどに行なわれる

第5漁

# テナガエビ

テナガエビ。全長10㎝。成長したオスのハサミは体の1.5～2倍にもなる。河川の中～下流域から湖沼まで幅広く分布、水の汚れにも比較的強い。

## 農薬の出はじめには減った。今は回復、むしろ昔よりおりゃせんかね

テナガエビのことは、わしらは昔から普通にエビと呼びゆう。ここらでいちばん多いエビというがが、このテナガエビじゃきね。エビはひところかなり減った。そうねえ、終戦まもなくじゃったと記憶しちゅうき、昭和20年代じゃろう。それこそ農薬の出はじめで、DDTやらBHCらあをどんどん使いよったころよ。まだ毒性いうもんが表面化する前じゃわね。

戦前はどこにでもおったもんが、この時期を境に見んようになった。ゴットリと減ったわね。まあ、全国あちこちから同んなしように川の生き物が死ぬるぞという声が上がって、農薬に含まれる成分というもんにだんだん規制がかかるようになったがじゃろうがね。

今は多いぜ、エビは。回復したというか、増えちょらあ。昔、自分らあが獲って遊びよったころより、まっとおりゃせんろうか。わしが住みゆう越知(おち)町のほうにもおることはおるけんど、圧倒的に多いがは伊野(いの)町から下の主(おも)の川（本流）よ。なぜ戦前よりも多いがかはわからんけんど、おそらく川のバランスというものが変わって、エビの棲みよいような水質や流れ、環境になったがじゃろう。

さあ、上流はどこまでおるろうか。大けな堰堤(えんてい)さえなけりゃあ、かなり奥までのぼりゆ

うと思うがね。カニを獲りにこんまい独立河川へ行くと、支流の支流のほうにまでけっこうおるけ。カニの仕掛けをつばけたら（浸けたら）エサの匂いを嗅ぎつけて、ハサミを振り上げるようにして、待ってましたというて出てきゆう。

数はやっぱり下流のほうが圧倒的に多い。あれらあはカマキリ（アユカケ）やアユ、カニと同じように、もっぱら川の下のほうで産卵をする生き物じゃき、そのせいもあるかもしれんのう。

普段活動をするところも、上流下流をいわんと、流れの速いところよりか、わりにトロッとした、落ち葉が溜まったり藻が生えちゅうところを好むわね。エビは、そういう障害物の隙間や石の穴らあにおって、エサを見つけたら出てきゆう。

下流のテトラが入ったところへ行ってみいや、それこそなんぼでもおる。上手に掬うたらやね、子供でも50や100は軽い。あれらあは普段、それこそ何でも食いゆうがじゃないかね。カニと同じで川の掃除屋じゃき、藻でも、人の残飯でも、死んだ魚でも。

わしらが子供のころは、煎った糠がいちばんえいとしたもんで、親父に教わったとおりボロきれに糠を入れて、石をオモリがわりに包んで、紐でくくって放り込んだもんじゃ。しばらくしたら、エビが匂いに気づいて布のまわりに寄ってくる。それをエビ玉（タモ）で伏せたもんじゃった。

もっと早う寄せよう思うたら、やっぱり魚を使うほうがえいわね。刺身のアラでも、オイカワやカマツカでもかまん。棒にくくって、エビの隠れちょりそうな障害物の際(きわ)に差しちょいたら、ものの3分もせんうちにゾロゾロと出てきゆう。

エビは完全な夜行性じゃのうて、昼でもエサさえあったら動きよる。ただ、活発ながはなんというても夜じゃ。ウナギやらアユを獲るがに川にすみ込んじょった(潜った)ときは、暗(くろ)うなるとよう石の上をごそごそと出歩きよったもんよ。いやあ、そういうときは気持ちがウナギやアユのほうに行っちゅうけ、エビは相手にせんわね。どっちかいうたら昼の遊び相手よ、エビは。

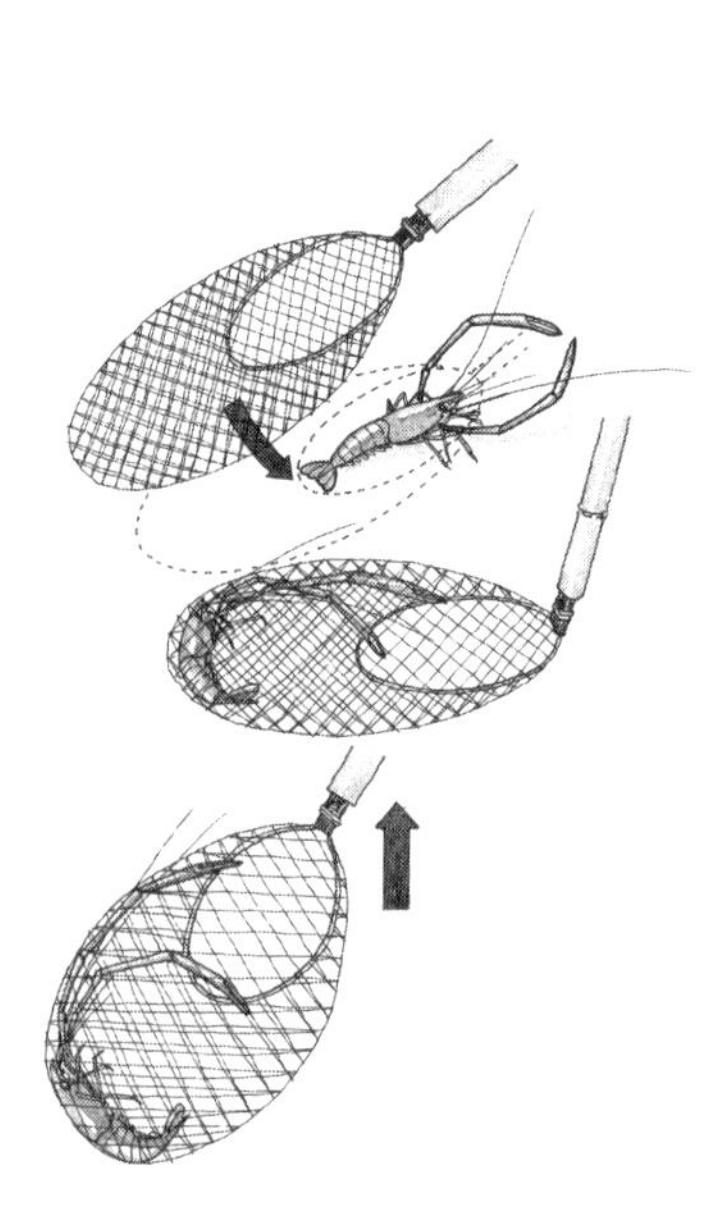

●エビ玉の使い方
ゆっくりと近づけ、射程圏に入ったら網の膨らみがエビの尾側にくるようにかぶせる。奥まで飛び込んだのを確認してから、素早く引き揚げる

ここらあのエビ玉は、直径が5寸ばあで、網をわざとにぺっちゃんこにへしゃがしちゃある。網は張りがあって、今はナイロンじゃけんど、昔は生糸の網を柿渋（かきしぶ）かなんかで固めちょった。ああ、エビ玉は今も売りゆうぜ。高知県内の釣具屋に行たら、どこでも買えるはずじゃ。

エビを玉で押さえたら、あれらあはツンと跳ねて、へしゃげた奥のほうへ飛び込んで行きよるけ、そこをシャッと上げるわけよね。ただ、そのとき考えちょかんといかんがは向きじゃ。エビというのがバックで逃げよるけ、袋の深いほうを尻尾に向けて押さえんといかん。後ろには目がないき、そうしたら簡単に入るが、反対から押さえろうと思うたらツイッと逃げられる。

砂煙だけ残して、あっという間におらんようなるぜ。上から30㎝ほどまでは静かにエビ玉を近づけちょいて、そこから先は、いながらチャッと掬う。今の子供らあも、好きな子はなかなか上手に掬いよるぜ。

それからエビ獲りの道具といや金突きがあった。金突きというがはヤスのことよね。5本股も3本股のもんも使うたが、エビ専用じゃのうて、これでウナギでもアユでも何でも突いた。

ゴム式の水中銃もあったわね。たしかガッチャンといいよった。これも先に銛があって、おもちゃみたいなもんじゃったが、そこそこエビは突けるもんよ。

こういう突く道具を使うた遊びは、今は規制でできんということになっちゅうけんど、これらはもともとアユを前提とした規制ながやけ、わしはエビ獲りのような遊びに使うことまで一律禁止するがはどうかと思う。

子供がやるぐらいのもんじゃったら認めちゃらんと。何でも禁止、禁止と原則論をいいよったら、川で遊ぶ子がおらんようになる。都会の子じゃったらしかたがないけんど、川の端で生まれ育った子が、そういう遊びをひとっつも経験せんで大人になるほうが、わしらからいわしてもろうたら問題じゃわね。

まあ実際は、子供が金突き持って川で遊びゆうがをつかまえて、こら、違反じゃぞというような野暮な大人は仁淀川にはおりゃせん。ケツでも突いたら危ないきに、気いつけて遊びよいうて声をかけるぐらいでよ（笑）。

## 商売でエビを獲る者が増えたのは最近。四万十川の影響じゃろう

エビは、量を集めたらけっこうえい値になるぜ。高知あたりの市場やったら、キロで3000円から4500円ばあするがじゃないかね。ただ、わしは仕事としてエビ獲りはやらん。エビのよう獲れる6月末から9月という時期は、ウナギとアユとカニにかち合うけ、とてもじゃないが手が回らん。

仁淀川では、商売でエビを獲る者は、前はおらんかったと思う。下流のほうで獲って売る者が出てきたがはつい最近のことよ。たぶん四万十川の影響じゃろう。あすこは料理屋でエビを名物で出しゆうき。これを「そんならこっちでも売れるがじゃないか」と高知市内の料理屋もやりだいて、場所の近い仁淀川から取り寄せるようになったがじゃろうと思う。

いや、食うことは食いよったぜ、昔から。子供が獲ってきたもんを、どこの家でも食いよった。今はからあげ粉らあを使うけんど、そんなもんのなかった時分は、てんぷらの要領で溶いたメリケン粉をつけて揚げよった。皮を剝かんとそのままね。あとは塩焼きぐらいのもんよ。

大きいがも食べでがするけんど、こんまいのがまた味がえい。高知市内の料理屋では、あんまり大きなもんは好まんらしいね。そうね、1kgで50

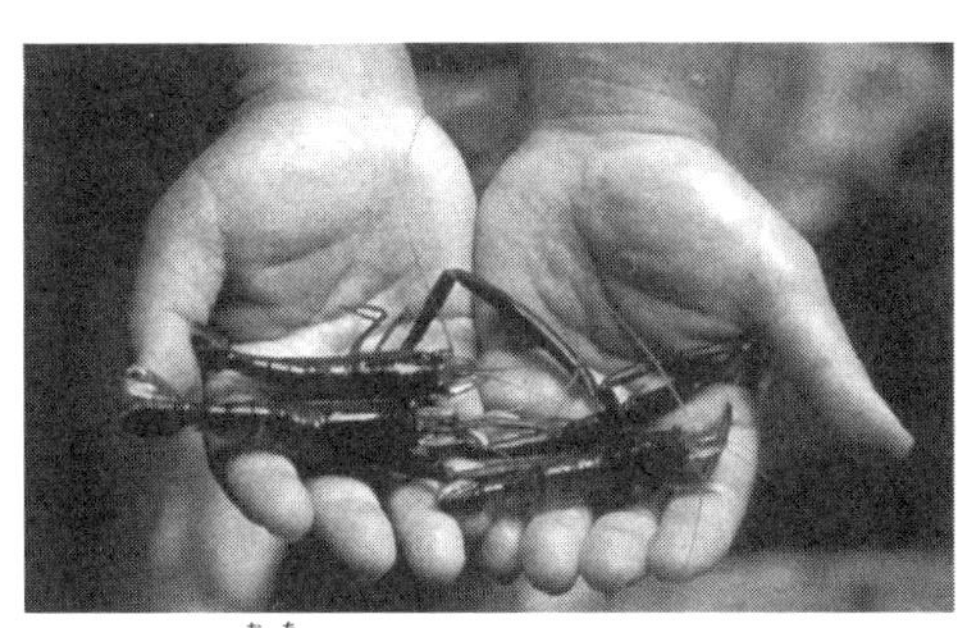

中流の越知(おち)町から河口までテナガエビはいるが、とくに多いのが伊野(いの)町から下流部。遊び相手になってくれるのは梅雨明けから秋まで

〜60匹ばあが、好んで使われるサイズじゃないかね。

下流の土佐市のあたりでは、どう料理するがかは知らんけんど、エビの仔を獲りゆう者がおるね。漁協の役員をしよったとき、秋、川の監視に行った。10月16日から1か月はアユが禁漁になるけ、その見回りよ。ほんなら川へ板を立てて登り落ち漁（130ページ参照）をしゆう形跡があった。前にも話したけんど、あこらではカニの登り仔を獲って食べる習慣がある。

わしらあは前から、登り落ちでカニの仔を獲ってしもうたら、資源がのうなってしまうぜよと口を酸っぽうにしていいよったもんじゃが、その現場を見つけたわけじゃ。これはもちろん違反ぜ。

獲物の溜まるところに金網でこしらえた

こういう少年たちが仁淀川にはまだいる。この光景を、ニホンカワウソを語るような昔話にしてはいけない

テトラポッドや蛇籠（じゃかご）の隙間はテナガエビの絶好の隠れ家。エサを置いて待っていると、５分もしないうちにあちこちから出てくる

筒が置いちょって、その中で目が光っちゅう。大きなエビじゃった。そのまわりに、糠みたいなもんがびっしり入っちゅう。ああ、エサに糠を入れちゅうわと思ってよう見たら、それが全部エビの仔よ。

丈が2㎜もあるろうかね。そんな仔エビが1万や2万匹ではきかんばあ入っちゅう。最初はカニの仔を獲りよるところにエビの仔が入ったがじゃと思よった。けんど、それにしちゃあ金網の目がこんまい。カニの仔を狙うとるんじゃったら、まっと粗いはずじゃ。その網は、伊野町あたりの紙会社が紙すきに使う特殊な金網よ。ああ、これはわざわざエビの仔を狙っちゅうがじゃ。食うために獲るがじゃと思うた。

大きなエビを専門に獲りゆう者は、金網でこしらえたエビモジを使う。これは両側

下流部でテナガエビを獲るために使われている「エビモジ」。両側に入り口があり、魚のアラなどで誘い込む。原理はウナギやカニ獲りと同じ

テナガエビを寄せるための小道具。布に、オモリがわりの石と煎り糠を包んである。即効性のあるエサなら、なんといっても魚だ

に入り口がある筒で、長さが40㎝ばあの小さいモジじゃ。中に魚のアラを入れて川に沈めちょく。縄でいくつも連結して、3日4日置いちょいて、揚げるときはずらっとたぐる。エビモジというがは、わしの記憶では昔は仁淀にはなかったと思う。カニ用の丸いモジにはようけ入りよったがね。遊びでエビを獲る者は、今もカニと両刀で、黒いプラスチックの地獄カゴを沈めよる。

エビの柴漬けというがは、四万十川ではよく聞く漁じゃが、ここらでやる者はさほどおらなんだね。やる者は、沼みたいなところでやりよった。上流の場合は、淵に竹の葉っぱを束ねて浸けちょいた。何日か置いたら枝の隙間にエビが隠れ込んじゅう。ひと抱えばあに縄でくくって、揚げるときはそれが入るような大きなタモでそうっと掬う。ときどきウナギも入っちょったぜ。

山を越えてほかの川の支流にカニを獲りに行たら、テナガエビではないけんど、桜エビという小エビを獲るがに、シイやらサカキの枝を束ねて淵に沈めちゃあるがをよう見るのう。

あれは正式にはなんというエビじゃろうか。尾の奥に赤い桜の紋みたいなこんまい模様があって、それでわしらあは桜エビと呼びゆうがやけんどね。

この谷の小エビも味がわりかたえいけんど、食べるより海釣りのエサに使うがに獲りにいきゆうようじゃ。これを使うと、魚の食いがこじゃんと（とても）えいらしいわ。

第6漁

# ナマズ

ナマズ。全長60cm。全国の川や湖沼に分布、水郷地域では代表的な食用魚だった。貪欲な肉食性で、釣りの対象魚としても愛される。

## 麦の穂時期の雨の夜に、おひげ様は田にのぼる。鋸でも獲れた

今日はなんの話がえいかね。おひげ様のことでも話そうかよ。そうよ、おひげ様いうたらナマズよ。昔、このあたりじゃ畑に小麦を作りよったもんじゃが、あの麦の青い穂が出るころ、雨が降ったら田んぼの溝にナマズがよう上がってきよった。

今の暦でいうたら5月の末から7月いっぱい。雨降りの後、それも決まって夜じゃ。あれらあは普段は川におるけんど、生まれ故郷は田んぼぜ。その時期は田に10㎝も水が溜まっちょったら、ナマズが上がってきて絡み合うて、稲に卵を産む。さすがにもう昔ほどはのぼらんけんど、それでも雨降りになったら姿を見せるぜよ。

そうそう、あれらはノミの夫婦じゃいうことを知っちゅうかね。メスが大きゅうてオスが小さい。全長60㎝もあるようなもんは、どれもメスよ。少のうてもここいらあでは。

オスはせいぜい1尺——30㎝ばあのもんよ。それから上の大きさのオスは、わしは見たことがない。まずおらんといってかまんと思うぜよ。なんで断言できるかというたら、産卵に上がる時期になったら、60㎝ばあもあるメスのまわりに、こんまいナマズが4〜5匹から多いときは10匹も、ぞろぞろひっついちゅうわけ。

大きなナマズのケツを追い回しとるのは決まってこんまいナマズで、大きなナマズどう

しがひっついちゅうところを見たことがない。やき、こんまいがあはオスらあに違いない。ひとつ不思議ながは、産卵の時期にはオスの姿はよう見るのに、漁をしたらあんまり出合わんことよ。獲れるがはたいがいがメス。オスは隠れ場所からの行動半径が狭いがじゃろうか。筒にもツケバリ（延縄）にも、あまり掛かってくることがないわね。

田んぼや溝に上がってきたもんは、今も懐中電灯で探してタモで伏せれるわね。昔は金突き（ヤス）で突いたり、鋸の歯を叩きつけて獲ったこともあった。貧しい時代にはナマズもえいおかずじゃったわねえ。今はそういう伝統も忘れられて、地元の者でも食わんようになってしもうたが。

ナマズは、田んぼへのぼってくるときは、子孫を残すことしか頭にないけ、かなり鈍な魚じゃ。けんど産卵を終えて元おった川へ下るときは、ほかの魚とは比べものにならんばあ警戒心が強うなる。同じ時期にフナも上がるけんど、フナは上がるときも下るときも同じように鈍な魚よ。けんど下りのナマズは別物みたいに敏捷になっちょって、捕まえるがが難しい。もし機会があったら挑戦してみたらえいぜ。

田んぼの水は、こんまい溝（用水路）で主の川（本流）につながっちゅうわねえ。下りのナマズを狙うときは、たいがい、その溝にタモを浸けちょって、上からもうひとりがタモを持って追い込む。入ったら網にツンと魚が当たった手応えがあるわ。

その魚がフナかコイじゃったら、まず網に確実に入っちゅう。けんどナマズの場合は、網にさわった瞬間、タモの縁と溝の底にあいたびっとの隙間に体をぐりぐりとねじ込んで、ざんじ（すぐに）くぐり抜けよる。「あれ、入ったはずやにおらんぜよ！」いうことは、しょっちゅうよ。

すぐに上の者が下へ回ってタモを入れて、2段構えにしたら失敗は少のうなるけんど、慣れがいるわのう。それと、中には頭を上流に向けて、バックで下っていくナマズがおるわえ。これもすばしっこい。いかん、危ないと思うたら、ぴゅーっと上へ走って逃げる。夜のことじゃき、見失うたらすぐには居場所がわからんなる。

卵から孵（かえ）った子供は、ふた月後には4㎝ばあになって、半年後には10㎝から13㎝に育っちゅう。こんまいくせに、これもまた警戒心が強い。稲刈り時分が近うなったら、これらあは全部、主の川へ下っていきゆう。

田んぼを産卵場にする魚には、ナマズのほかにフナやドジョウ、アユモドキ、メダカなどが知られる。季節によって水位変動が激しい水田は遡上時に人や獣、鳥などの天敵に発見されやすいリスクはあるものの、卵や稚魚の捕食者となる大きな水棲生物が少ない。また、浅くて光がよく届くため水温の上昇が早く、稚魚のエサとなるプランクトンが大量に発生する。繁殖には理想的な場所なのだそうだ。

本来の産卵場は低湿地だったのだが、人が稲作を始めてから同じ場所に拓（ひら）かれた田ん

ナマズは夜行性なのでツケバリは夕方仕掛けて翌朝引き揚げる。掛かっていれば、糸をたぐるときにググッと心地よい感触がある

やや淀んだ淵まわりがナマズの住処。夏はごく浅いところでも掛かるが、冬はやや深いところを重点的に狙ってツケバリを入れる

ぼが揺りかごの役目を受け継いだ。農薬の使用やコンクリート多用の圃場（ほじょう）整備が行なわれるまで、田んぼは人の開発した土地とはいえ自然と有機的に共存していたのだ。

洪水調節や景観維持など、最近、田んぼの多面的多機能が見直されつつあるが、雨が降ると、たくさんのナマズやフナが乗っ込んできたかつての水田風景とその意味も、忘れてはならない機能のひとつだろう。

## 魚よりもミミズよりも効くエサを教えちゃろう。でんでん虫よ

ナマズは主の川ではアユの火振り（ひぶ）のときによう見かけるぜ。夜のナマズは敏感で、船底をちょっとでもガリッと掻いたらぴゅっと逃げよる。地震を予知する魚じゃそうじゃが、そういうはしこい（素早い）反応を見れば、まことのことかもしれんとわしは思う。

それでも漁師からいわいたら、これほど鈍な魚も珍しいのう。臆病は臆病じゃけんど、オツムはあんまりようないほうじゃ（笑）。ツケバリや筒で簡単に獲れる。年中、それこそ真冬でも釣れよるけ。

ツケバリはウナギと兼用よ。主（おも）の糸（幹糸）はアミラン（ナイロン）の太い編み糸を使いゆう。糸（ハリス）の太さは1分柄。今の10号ぐらいじゃろうかね。ハリはいろいろよ。取り替えるがは切れてのうなったときで、そうそうは新しいハリは使わん。みな寄せ集め

じゃ。このツケバリの仕掛けは、親父の代からかれこれ30年ばあ使いゆうぜよ。ほんじゃき、親父が使うとったハリ、わしの若いころのハリ、最近のハリと混ざっちゅう。ツケバリの道具というがは、そんなにこだわらんでもかまん。

主の糸の長さはだいたい40m。ハリは1m間隔じゃき、約40本よね。糸の長さは50〜60㎝。ツケバリの場合、糸と糸の間隔は広うに、一本一本も長うにしたほうがえいわね。短いほど糸の遊びがないけ、掛かったときほたえる（暴れる）ろう。ほたえるとほかのハリまで振動が伝わって、これから食いつこういう魚が警戒しよる。仕掛けはもつれることもあるけんど、そんなときは無理にはずさんと、ハリスを根元から切ってしもうたら解決するわね。あとでまた結び直したらえいことじゃき。

エサはウナギと同じでオイカワの筒切りがえい。オイカワなら獲りよいし、ナマズの餌食みもえい。カワムツはオイカワが少ないときのエサで、イダ（ウグイ）は、ウナギのときもそうじゃが、まず使わん。あれはエサにしたらなんちゃ食わん魚じゃ。切って使うがは、節約のためじゃね。丸のまんまつけてもそりゃかまわんけんど、頭、胴体、尻尾と切り分けたら、1匹刺しじゃと30匹必要なところを10匹ですむけ。

それともうひとつ大事な理由がある。切り身にしたら、きっちり口に掛かるわけよ。1匹丸のまま刺すと、ハリが隠れて腹の奥まで呑まれて死んだり弱りやすい。切り身にすればエサ獲りが楽できるばあじゃのうて、商品価値を守る効果もあるがよ。エサは、そらも

## ●ナマズのツケバリ仕掛け（ウナギ兼用）

木のトロ箱の中に幹糸を入れ、箱の縁に順々にハリを掛ける。こうすると投入時に絡みにくい。エサはオイカワやカワムツの切り身。ハリはコイバリやチヌバリのような頑丈な太軸系がいい

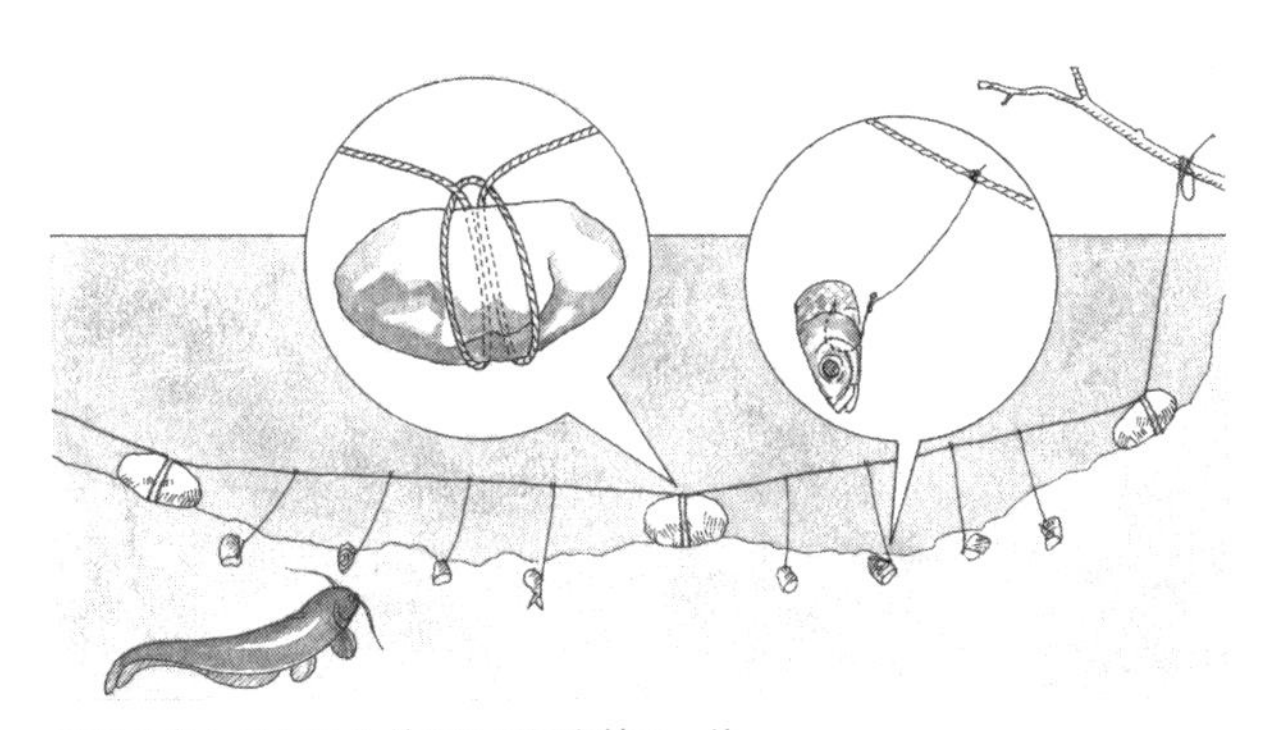

オモリとしてところどころに石を結ぶ。片手で持てるほどの細長い石を、チチ輪にした幹糸にくぐらせると確実で着脱も簡単

これがナマズのつかみ方。なるほど、ネコやいたずら小僧を吊るし上げるときと同じで、簡単確実。野の知恵である

う新鮮なものに限る。獲ってきたら、それこそ生きちゅううちに切って、ざんじ（すぐに）刺して放り込む。鮮度の落ちたエサは、わしの経験じゃあ、やっぱり食いがいまひとつじゃ。

エサといやあ、ナマズのほんとうの大好物を知っちゅうかね。魚よりミミズより好きなものがあるぞね。意外なエサぜ。でんでん虫よ。あれを潰してハリに掛けると、ナマズはまっとよう釣れるがね。でんでん虫を数集めるのはたいへんじゃき、ツケバリのエサにはならんが、あんたらが遊びでナマズを釣ってみようと思うたときは、これはやってみるだけの価値はあるぜよ。

あれはウナギの漁で忙しい時分じゃったけ7月じゃと思うが、下流のほうの人らあが夜釣りでナマズを次から次に釣る。バカによう釣るのう、エサはなんじゃろうと見よったら、それがでんでん虫よ。

ツケバリを掛けるがは、基本的には淵や流れの緩（ゆる）いところじゃけんど、夏じゃったら水深30㎝ばあの浅いところでも食いよる。よう行くところは支流で、昔からナマズの多いところよ。ナマズは、あんまりきれいに澄んだ川よりかはちっと濁り加減の水を好むわね。

ナマズのツケバリはすることはするが、どちらかといえば遊びよね。どう頑張ったち確率は2割いかな。ほんじゃき、漁とは呼べんがよ。少のうても5本に1本以上は掛かっちょらざったら、わしら仕事にならんけ。

ツケバリには外道（げどう）もよう掛かる。まずタイワンドジョウ（ライギョ）じゃろう。固定しちょった石を引っ張り回すような大物がどっさり掛かることがある。それからウナギ。コイも魚の切り身を食べるわね。波介川（はげがわ）という支流でやったときに、ひとつの縄に7匹も食いついちょったことがあった。スッポンもときたま掛かるわ。船で近づいたら、ぽかんと丸いもんが浮かんじょって動きよるけ、波紋ですんぐにわかる。

ツケバリは場所や水温にもよるけんど、だいたい川を横断するように掛けるわね。水深の浅いところから深いところまでひととおりエサがありゃあ、どのハリかには食いついちゅう。もちろん、そこらがナマズのようおる場所じゃということが前提じゃがね。

そうそう、あんたらにひとつ実地で教えちゃろう思うちょったことがある。ナマズの押さえ方よ。ナマズは鱗（うろこ）がのうてぬるぬるしちゅうろう。おまけに胸のところに2本、太うて鋭いトゲがある。へたにつかまえたら、つるんと逃げられるだけやのうてケガをするきのう。

ネコやらいたずら小僧の押さえ方と同んなじよ（笑）。親指と人差し指で上から首根っこをぎゅっとつかんだらえい。太い骨の両側がへこみよるけ、指がかっちり入る。フナじゃアユみたいなこんまい魚を押さえるよりか、こっちがしよいぜよ。

## ナマズにとって竹の筒は、出張先のカプセルホテルのようなもんよ

ナマズを効率よう獲るがじゃったら、なんというても筒ヅケがえいわね。筒というがは竹筒のことよ。孟宗竹（もうそうだけ）を1m50㎝ばあに切って、鉄の棒で中を突いて節を抜く。紐を結べば仕掛けは出来あがりじゃ。

いや、エサらあひとかけらもいらん。その竹を川へ放っちょくだけでナマズは自分から入りよる。ホラじゃあないぜ（笑）。これもナマズの習性じゃき。竹というがは、いうたら家になるわけよ。

孟宗竹は太ければ太いばあ、入るナマズも太いわのう。せっかく大きなナマズがおっても、竹の筒が細うては入れんろう。そうじゃのう、孟宗竹は直径でいうたら15㎝はほしいのう。3節とちょっとの長さで切って、2節はきれいに中をさらえて、尻のひと節には水抜きの穴だけをあける。

長さも、ほんまいうたらなるだけあったほうが有利じゃ。奥行きがあればあるばあ、1匹どころか2匹、3匹と続けて入るけ。けんど、あんまり長う（なご）なったら、仕事がしにくいし、重いわね。やき、目安を1m50㎝、3節切りということにしちゃある。

竹は青いまますぐ使う。節を抜いた青竹は、石をくくらんでも自分の重みでよう沈むき。

そうかね、生の竹は水に沈むということを、あんたら知らんかったかね。

昔は節を全部きれいに抜いてイケイケ（素通し）にしよった。ここらでは、みなそうしよったわね。揚げるときはそろりと寄せて、筒が水面にきたとき両端を手のひらで塞いだ。そうやってジョロリ、ジョロリと水を抜いて揚げよったもんじゃが、これがようやりこくりよった（失敗した）。水面に寄せてくるまでに、どうかするとナマズが抜け出てしまうことがあるわけよねえ。

それやき、わしはちっと改良を加えた。端の節をひとつだけ残しちょいて、これにナマズが出れん程度の穴をあけて、紐の支点は口寄りにつけちょく。ほいたら揚げるときも水圧がかからんで楽やし、口は必ず上を向いて上がってくるけ、ナマズが逃げる心配はまずない。

実際、これで取り逃がす失敗がこじゃんと減った。よう考えたら子供でも思いつく簡単な工夫じゃがね。

夏でも筒に入らんことはないけんど、水が温い時期はナマズも動きが活発じゃき、めっそう竹筒を利用せん。これがえいがは秋の終わりから冬じゃ。あれらあは冬でも餌食みに出よるけ。ほかの川のことはどうか知らんけど、ここらあの川じゃあ、ナマズは冬眠をしやせんがじゃないか。

昼は岩の下や障害物の陰に隠れて寝ゆうけんど、暗うなったらエサを探して這い回りゆう。ほんで明るうなる時分までに、また帰ってきて寝よる。夏じゃったら元の家まで泳いで帰りよるけんど、さすがに冬は水も冷たいけ、こんな近くでも宿があるがじゃったら、これでかまんと思うて竹を新しい家にしゅう（笑）。寒い時期のナマズというがは、そんなふうに極道（横着）じゃわね。

筒を掛ける場所は淵じゃ。雰囲気でいうたら、わりとのっぺりとしたところ。石があったり木が沈んじゅうようなところ、いうたらナマズがもともと好みそうな淵に筒を沈めたち、天然の家がなんぼでもあるがじゃき、当然、入る率は悪うなるわね。

いうたら、そういうところはナマズのアジロ（本来の住処）で、竹の筒は、そのアジロからウロウロと出だいたナマズを帰さんと泊まらせる、出張先のカプセルホテルみたいなもんじゃ。

たとえば砂ばっかりの淵底とか、何もない岩盤の底。身を隠すような隙間や障害物のないところにぽつんと筒があったら、戻りかけのナマズの目に付きやすいわね。このへんが同じナマズを獲るがでも、ツケバリと違う点。ツケバリのナマズ獲りは隠れ家がある淵。筒でのナマズ獲りは隠れ家が少ない淵を狙う。ナマズの漁には、食欲に訴える方法と住宅事情で誘う方法があるということじゃのう。

コンクリートで護岸をしたようなところも、筒を仕掛けるがには絶好の場所じゃ。岸がふさがれ、砂が溜まって、ナマズの身を置く場所が少ない。水深は１ｍもあったら十分よ。

漁師の立場からいわいてもろうたら、川をいじり回す護岸工事は反対じゃけんど、ことナマズの漁に限っては、こんなふうに人間の開発も利用できるということじゃわね。

護岸をしてあるところがえいというても、全面コンクリではいかんがぜ。アジロがようけあって部分部分にコンクリがある。そこを狙うたら入りよいということ。漁を続けるうえで大事ながは、やっぱり、なんというてもその魚が繁殖できる自然じゃ。

筒はやみくもに入れたち率が悪い。ナマズは家の向きにやなかなかうるさい魚ぜ。基本は筒の口が川下に向くよう入れるということじゃ。

ウナギの箱も川下へ向ける。エサにミミズを入れちょいて、その匂いを流れに乗せて誘い込むわけよ。

ただしナマズの筒ではエサを使わん。匂いで誘う必要がないのに下へ向けるがは、ナマズは頭が上流に向いておるほうがバランスがえいきよね。

これはわしが勝手に持っちゅうイメージかもしれんけんど、どんな魚やち休むときは頭は流れの上に向ける。ナマズの隠れ家も、奥行きが上流に向いちょったほうが、体が楽ながじゃないろうかと思う。そして、なるべくやったら筒は川底に水平か、口がぴっと下に向いちゅうがえい。口が空を向いちょったら、どうも入りがようないようじゃ。入ったら頭に血がのぼるからかね（笑）。口に石がつかえちょっても入りはようない。スムーズに筒の奥に入り込める環境やないと、どうも気に入らんようじゃ。

## ●ナマズの筒ヅケ漁

孟宗竹は節を抜き、紐穴をあける。格安で丈夫なビニールハウス用のコードを結べばできあがり。構造が単純でエサすらいらない漁具

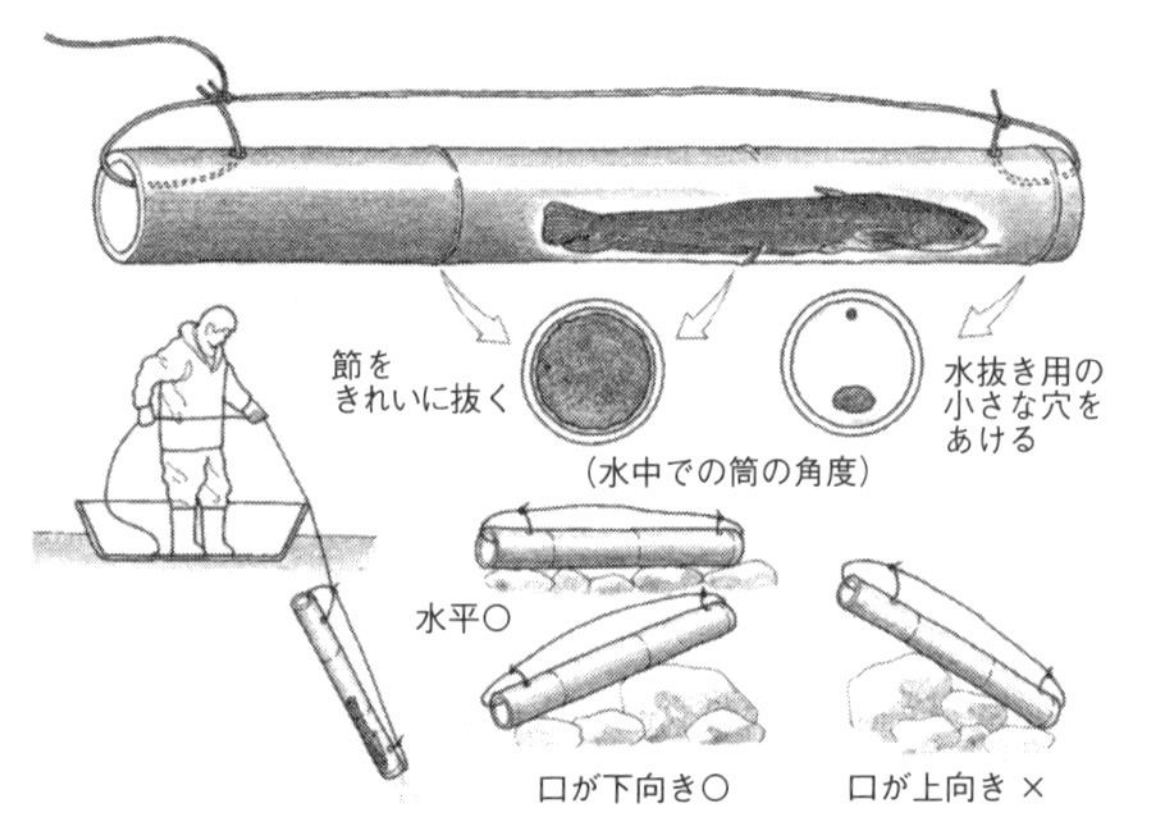


筒ヅケのシステム。孟宗竹の直径は15cm程度、長さは1.5mぐらいが目安。細いと小さいナマズしか入れない。中の2節はきれいに抜き、奥の節は水だけ抜ける程度の穴を。紐の支点は入り口から3分の1以内に。下がると水中で口が下を向き、ナマズが逃げやすい

狭い竹筒の中では方向転換ができないので、逃げる間もなくやすやすと捕まってしまう。大物になると筒につかえてしまうことも

筒は使い込んで古びちゅうばあ入りはえいが、ウナギばあ敏感やないけ、新品やってもめっそう影響はないわね。そうよねえ、今日伐ってこしらえた孟宗竹の筒で1か月。そればあつばけちょいて（浸けておいて）また来月見に来たら、こじゃんと入っちゅうぜ。

確率かね。半分は堅いと思うがね。いや、大丈夫じゃ。5割はいくろう。筒はツケバリよりかうんと確率がえいき。最近は専門にやらんけんど、ちっと前じゃったら打率8割はざらじゃった。3〜4年前じゃったろうか。南国市の業者に頼まれて、まめにナマズを獲ったことがあったがよ。筒を50本とツケバリの両刀使いで、ひとつの淵をぎっちりやったら、全部で500匹ばあ揚がった。

「おい、あんまり獲りよったらおらんようになるぞ」と、業者から心配されるばあ獲った。ナマズというがは、獲ろうと思うたら根こそぎ獲れる魚よ。

実際、その影響じゃろう、あくる年、その淵ではちゃっくり（さっぱり）獲れんようになった。それでわしもちったあ反省した。ナマズにもたしかに乱獲の影響はあるわ（笑）。それからしばらく触っちょらんけ、もうその淵は回復したと思うがのう。

## 筒から出てこんので鉈でかち割ったら、大物ばかし3匹入っとった

竹の筒を仕掛けてから1か月後の12月中旬、期待に胸を膨らませて高知へ飛んだ。は

たして筒の中にナマズはどれぐらい入っているのだろうか。沈めて帰った筒は16本。5割はいけるという弥太さんの太鼓判を信じれば、8匹は獲れるはず。

最初の2本は空っぽで、水だけがむなしく出てきた。「ここは底に岩や木の根があるアジロじゃき。もうちょっと下の砂地の筒には入っとるろう」と余裕の構え。

3本目はストライク！　水を切った筒の中で何やら生き物の気配が。口を傾けると、にょろりと扁平な尻尾が出てきた。体長50㎝ほどのナマズである。4本目ははずれ。5本目、6本目は当たりという感じで予測どおりの尻上がり。大物は60㎝、1本にダブルで入っている筒もあった。同乗のスタッフは興奮状態。水揚げはしめて11匹。確率は6割8分だった。

もっと驚いたのは、弥太さんの指示で筒をまた投げ込み、翌日揚げたところ、なんと全部で6匹も入っていたことだ。

ひと晩置いてもう入っちゅうということは、冬眠せんと餌食み（えばみ）に出てきゆうということよ。それでも水は冷（ひ）やいけ、できたら早う穴で休みたい。ほんで筒に滑り込むわけよね。ほんまじゃったら、まっと獲れにゃあいかんがやけどね。最近ここらは工事をしゆうけ、それで5割というたが、工事前じゃったら1本の筒にふたあつ入ることはざらじゃったろう。大きさも、この60㎝、2㎏ばあのもんがまっと多うないといかん。前にはこんなこともあったぜ。揚げたら筒がこじゃんと重い。たしかに魚は入っちゅうけんど、逆さに振ってもさっぱり出てこん。時間がもったいないき、漁が終わってから鉈で筒をかち割ったら、大きなナマズが3つ出てきた。

ナマズには、左右のエラ蓋に1本ずつ大きなトゲがあって、竹の節をきれいに抜いちょかんと、このトゲが引っ掛かるがよ。掛かりはせんでも、節の縁で肌が傷だらけになって出てくることはようある。

ここらあのナマズはなかなか大きいぜ。まあ、平均50〜60㎝ばあはあるろう。こないだ、息子がアユの火振りのとき浅いところをひょいと覗いたら、そればあのナマズが15〜16匹も見えた。この中に1匹、突き抜けて大けなおひげ様がおったというがよ。頭が人の頭ほどじゃったいうけ、おおかた1mもあるがじゃないかね。わしはまだ、そ

ナマズのさばき方その1。一般的な背開きで、このまま砂糖醤油のタレで付け焼きする。ウナギよりもさっぱりしてなかなか美味

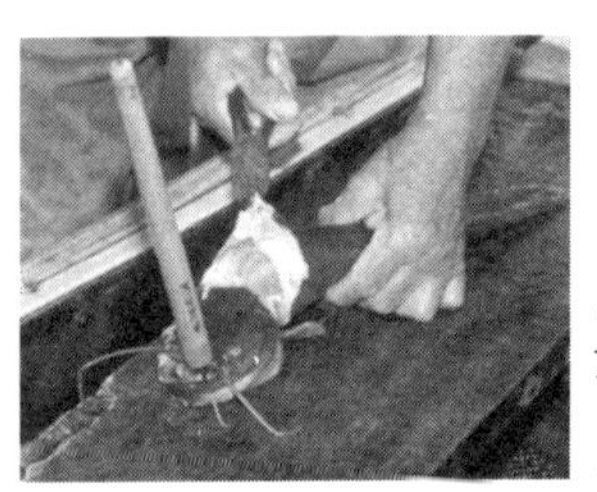

その2。皮を剝ぎ、身だけにする方法。千枚通しで固定し、首の回りにひと皮ぶん包丁を入れて、ペンチで一気に皮を引っ張る

こまで太いもんは見たことがないけんど、川の主のようなナマズは今もおるということじゃ。

ナマズの料理は、このへんじゃったらたいがい開いて蒲焼きよ。それか筒に切って煮付けるかじゃの。わしは食べんが、刺身にするという者もおるわね。こう、頭の回りをぐりと包丁で切り込んで、ペンチで引っ張ったら黒い皮が剝けて、きれいな白い身になる。

けんど、最近は地元の者も、昔ばあナマズを食べんようになったのう。そのわりにはまだ姿を見かけることが多いせいか、あんたらみたいに珍しがって喜んだり、懐かしがることもないわね。

第7漁

# アオノリ

正しくはスジアオノリ。全国各地の内湾や河口域に分布するが、一面、芝生のように生える場所はそう多くはない。四国では四万十川、吉野川のアオノリが有名。

## 冬の仁淀の河口では、川底全体にノリというお金がひっついちゅう

真冬にやることかね。そうねえ、昔はイダ（ウグイ）を獲りよったわね。それと仕事ではないが、鉄砲よね。冬になって木の葉が落ちたら、ようヒヨ（ヒヨドリ）を撃ったもんじゃ。ヒヨ撃ちは面白いし、焼いて食べたらまっこと味がえいけね。

竹を削って作った笛で、シャー、シャー、シャーと、小鳥がタカに押さえられるというか、そんな苦しい声を真似たら、仲間を助けにゃいかんと思うがか、寄ってくるわね。そこをポンと撃つ。また吹いたら2〜3羽くる。それをまたポンと撃つ。寄るがはヒヨだけではないぜ。同じ吹き方でいろんな鳥が集まる。カラスも来るよ。フクロウに後ろから帽子を蹴られたこともある。あの鳥は怖いぜよ。羽音を立てんと飛んできよるけ。

その鉄砲も、だいぶ前にやめたがね。殺生のしすぎは、やっぱりようない。命を取るがじゃけ。仕事で川漁を続けよう思うたら、せめて道楽のほうの鉄砲はやめにゃいかんと決めて、もうだいぶになるのう。そのかわりというわけやないけんど、最近わしはちょっと面白いことを始めた。アオノリ採りよ。

冬になると河口にアオノリが生えるがは知っちょった。それを採って売る者がおるということも見ちょったがね。けんど、自分でノリを採って売るということは、漁師を始めて

このかた、考えたこともやってみたこともなかった。去年の冬、川の様子を見に河口のねき（際（きわ））へ行ったら、たまたま知り合いの男がアオノリを採りよった。その男は仲買の仕事もしよる。
「商売になるかよ」と声をかけたら、「なるぜよ。こうしてきれいに洗うて風に干すだけで、すぐ商品になるがじゃけ。市場に出いたらなかなかの高級品ぞ。宮崎、お前（まん）もやってみい、やり方はわしが全部教えちゃる」というきに、どんなもんかと思うて教わったががやり始めよ。

四万十川のアオノリが有名になってきたけ、アオノリ全体の価値が上がってきたということじゃろうか。聞いてみたら、案外値もえい。わしが仕事にしだいてまだ2年目じゃが、去年1年観察したところでは、このアオノリというがも、なかなか気の難しい生き物じゃのう。

まず、西風が吹き出さんといかん。つまり水温よね。水が冷とうにならんことには生長せんということじゃ。川底に見え始めるがは12月の中旬すぎで、初めはシュロ箒（ぼうき）の毛ばあの短いもんじゃわね。

それがだんだん女衆（おなごし）の髪の毛みたいに伸びてくる。採れるようになるがは暮れ時分。最初は河口でも下のほう。だんだん上のほうに着きだいたら、すんぐに河口全部が緑色に見えるばあ増えるわね。

春から秋には姿も形もない。ただの小砂利の河口よ。それが、冬になったら芝でも張ったような色になる。考えようによったら、たいへんなことぜ。川底全体にお金がひっついちゅうようなもんじゃ（笑）。ツガニやウナギを獲るよりしようて確実。なんでこのことに早う気がつかんかったがじゃろうと思うわ。

条件のえいときじゃったら、アオノリは一日で1尺（30㎝）ばあ伸びるというのう。実際、一回採っても2日ばあたったら、また同じばあ伸びちゅう。タケノコ並みのスピードじゃ。最盛期には、アオノリどうしがもつれて縄のようになって揚がってくるがじゃけ。敏感なのは塩分濃度よ。河口一面に生えるというても、そうじゃねえ、距離にしたら2㎞ばあの間じゃろう。そこから上は生えんけ。雨の影響も受けやすいわね。四国でも山の奥のほうにいくと雪が積んじゃある。春になって降る雪が雨に変わって、積んだ雪を解かすようになって川に水が増えたら、アオノリはしまいじゃ。消えてのうなる。

大潮も影響するわね。海水が押してきたら海の端のノリから先に傷む。白茶けてじきにぶよぶよに腐りよるわ。わしは塩分濃度のせいかと思うちょったが、最近聞いた話では、胞子ができるらしいがよ。顕微鏡で覗いたら白髪のノリには胞子ができちょって、これが大潮を利用して拡散するということじゃ。

水温の低いうちは潮が変わったらまた生えてきよるけんど、雨水が入ったり水がぬるうなったらまた枯れて、そのうち時期が終わらあね。南国高知というても、冬の北西の季節

仁淀川河口のアオノリ採りの
風景。河床にごく自然に生え
たものを採取する。弥太さん
も最近始めたぐらいだから、
漁業者数はそれほど多くない

小屋近くの岸から立ち込ん
で良質のものがたくさん採
れれば、最も効率がよい。
近くで採れなくなると、場
所を探して船で出る

風の吹くさなか手を水に突っ込んで働くがは、そらあえらいもんじゃわ。いや、水につけちゅう間は温(ぬく)いがよ。水から出した後がたまらん。

それに、海寄りの日差しというがは冬でも意外に紫外線が強うて、腕の皮膚が焼けるわね。ただでさえ色が黒いのに、また真っ黒じゃ（笑）。

自然のものを採って干すだけで金になるというてもじゃね、やっぱり楽な仕事ではないわ。いや、採りゆうときは面白いがじゃけんど、あとの仕事がげにしんどい（笑）。

アオノリ採りで大切ながは、まず品質じゃ。伸びたアオノリは、今いうたようにしばらくしたら老化して白髪になりよる。人間が年がいたら白髪になるみたいに、青い筋の中に白い筋が混じる。そうなったら等級が下がるがよ。

値がえいのは白髪が1本もないシーズンのはなよね。そういう、状態のえいときのアオノリは、食べ比べてみりゃあようわかるけんど、香りも味もぜんぜん違う。白髪は気をつけて取り除くようにしゆうけんど、時が過ぎると、色は青うても最高の時期を過ぎちゅうけ、値もそれなりよ。

若いか年がいったかは、生えた時期やら場所でも違う。採るときは、なるべく質のえいノリが生えちゅうところを探すことじゃ。足元に質がえいものがどっさり生えとることもあるし、時期が過ぎたり取り尽くされたら、ちっと深いところへ行って船の上から採らんならん。ただ、めっそう深い場所には、光の加減か水温の加減か、アオノリは生えんわね。採り方は難しいことはひとつもないぜ。手が届くところやったら両手で網を手繰(たぐ)るように引き寄せたらえいし、棹(さお)にカギをつけて引っ張り寄せてもえい。船の場合はそうする者が多いわね。

大事ながは振り洗いをしながら引き上げることじゃ。アオノリは石の表面に食らいついて、それを足がかりに生長するがじゃけ。そのまま引っ張り上げたら小砂利やら石も上がってきよる。ある程度振り落としちょかんと、あとがめんどい。それと、振り洗いをすることで、古いアオノリと若いアオノリをある程度ふるい分けることができる。若いアオノリは手に残るけんど、古いアオノリはちぎれて落ちるき。

## うちではたこ焼きも売りゆうが、これに使うアオノリは自家製ぜよ

集めたアオノリは、大きなカゴに入れて棒で混ぜくって川の中で洗う。砂が入ったり泥をかぶっちゅうけ。混ぜくったら泡がたくさん出てきよるけんど、これは酸素の泡よ。あれらあは光合成をして酸素を出しもって伸びるがじゃき。この泡の膜が、鍋のアクみたいに汚れをようひっつけてくれる。泡が出んようになるまで混ぜくったら、汚れはきれいに落ちる。

洗ったアオノリは、ひとつかみばあに分けもって棹にかけて、しばらく水切りをする。それから小屋に運んじょいて、ひと晩置いてもうぴっと水を切っちゃる。小屋はそこにある掘っ建て小屋よ。いらん材木を軽トラで運んで、わしが自分で建てたもんじゃ。今年はちっとココ（頭）を使うた。ビニールハウスの材料をもろうてきて、サンルームをこしらえた。温室と同じじゃき、休憩のときに寒い思いをすることものうなったわ。眺めも抜群よ。

アオノリ採りの権利？　もちろんあるぜ。漁業権はいま申請中じゃが、地域の慣習、いうたら入会権のようなもんは昔からあって、商売にできるがは、やっぱり地元の人間だけじゃ。仁淀川では、親子や年寄りがこんまいバケツに摘んで帰るぐらいじゃったらうるさいことはいわん。けんど、ときどきよそから来て商売にするばあ採って行く者がおるけ、そういう者には厳しいわね。

去年、ノリが少のうなった時期、地元と関係のない者が車を引っ張ってきて、生のノリを積めるだけ積んで帰ったときはみんなあ怒った。なんぼ自然に生えるもんというてもじゃね、誰でも好き勝手にしてえいということになったら、ワリを食うがは地元の者じゃき。

この小屋やアオノリを干すための柱も、建設省（現・国土交通省）に申請をせんと建てられん。これこれこれだけの面積を使います、何人で利用しますと細かに書いて提出せん

採ってきたアオノリは川の中でよく洗う。そしてひとつかみほどに分け、棹(さお)にかけて水を切る。カラカラに干せば商品になる

冷たい北西風にはためくアオノリ。乾くにつれて緑が鮮やかさを増し、食味や香ばしさも増してくる。川と風と太陽が育む美味だ

といかんが、仕事としてやる以上は大事な手続きじゃ。

水を切ったアオノリは、柱と柱に張った紐の上にかけて広げる。風のある日やったら小半日もすればカラカラに乾きよるわね。これは午前中から干したもんじゃが、色が違うろう。濡れちゅうときは黒っぽいけんど、乾いたらきれいな緑色になる。食べてもぜんぜん違う。

香ばしいろう。この風味は乾燥をせんと出んのよね。生のアオノリを口に入れたち、もぞもぞするだけでめっそううまいもんではないが、ぱりぱりになると、まっことえい匂いがする。味もえい。

ほんのり塩味もするろう。この塩味がアオノリには大事なところよ。自然の塩分がアオノリの味を引き立てるがよ。下流まで水のきれいな仁淀川じゃき、それができる。川自体が汚かったら、持って帰って真水で洗わんと食えんけんど、そんなふうに塩気を抜いたアオノリは、ちっともうもうないわ。

潮回りによったら、干したノリの塩味が強すぎることもあるわね。そんなときは干す前に、船でちっと上流の水を汲んできて洗う。そうすりゃあぼっちりな加減になる。

食べ方はわしの場合、そのまま軽う炙るか、煎ったゴマと混ぜて熱いごはんに振りかける。そうそう、うちの雑貨屋ではたこ焼きも売りゆうけんど、これに使うアオノリはぜんぶ自分が採って干した新物ぜよ。おそらく、たこ焼きの本場の大阪でも味わえん贅沢じゃ（笑）。

# 第8漁

# ゴリ

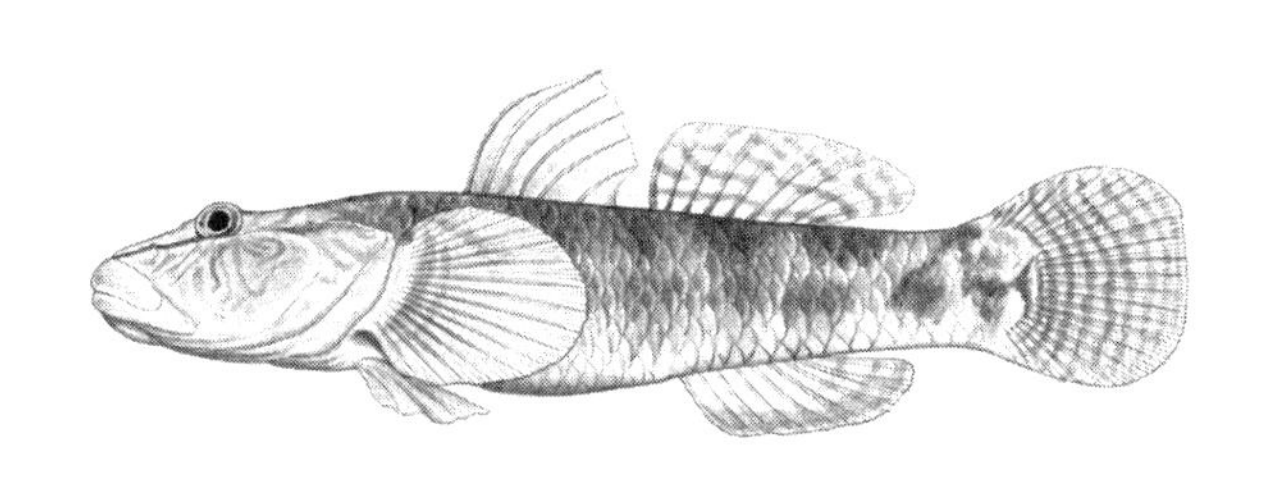

ゴリはヨシノボリ属の小魚の混称で、孵化
後海へ下り、春に再び川を上って成長する。
仁淀川上〜中流域で漁の対象になっている
のは、純淡水に適応したカワヨシノボリ。

## 箒(ほうき)とチリ取りのゴミ集め。ガラ曳(び)きの原理は、まあそんなもんよ

そういや、ゴリの話はまだしちょらんかったかのう。ほんなら今日はガラ曳きを教えちゃろう。これも、ほんとじゃったら明かしとうはない、わしの大事な企業秘密よ（笑）。ガラ曳きというがは、四万十(しまんと)川でもようやりゆうゴリの漁よのう。ここらじゃあ吸盤のついたこんまいハゼをみんなあゴリと呼ぶが、ガラ曳きで獲るゴリは、いうたらこの中のヨシノボリという種類じゃわのう。

いや、そんな名前じゃいうことは、わしも知らざった。あんたらが確認のためいうて持ってきた図鑑にそう出ちょったわ（笑）。図鑑にヌマチチブいうて書いちゃある頭の大けなハゼも、ここらあじゃあ昔からゴリやけ。

ヨシノボリのゴリは味がえいけ、今や高知県じゃあ高級食材ぜよ。から揚げでよし、甘露煮でよし。わしが住みゆう越知(おち)町は最近は食べる家も減ったけんど、好きな者は卵と一緒にとじてすまし汁にするわね。大きゅうても5cmばあの魚じゃが、ダシが濃うて珍味ぜ。最近は、飛行機に乗って高知市内の料理屋まで食べに来る人もおるという話よ。

四万十川じゃあ今も盛んに獲りゆうが、ここ仁淀(によど)川は、ガラ曳きをやる者はほとんどおらんようになった。最近でこそ、わしがしゆうがを見て始める者も出てきたけんど、長ら

く忘れられちょった漁で、7～8年前まではわしひとりじゃった。

ガラ曳きのガラというのは貝殻の殻のことじゃわね。ドリルで穴をもんで、長さ20mばあの鎖に1個ずつ針金でくくる。ほかに必要な道具は、目のこんまい網でこしらえた箱。仕掛けとしては単純なもんよ。

やり方も簡単じゃ。箱の口に鎖の両端を持ってきて、ずるりずるりと引っ張ってきたら、貝殻の音や光、振動を嫌がったゴリが移動して、だんだんだんだん箱のほうに追い込まれよう。最後は箱のど真ん中よ。牧童が牛や羊を小屋に追い立てるようなやり方というか、もっとわかりやすうにいうたら箒でゴミを集めるのと同じよね。手間としても技術としてもそればあ（そんな程度）で、慣れたらちっとも難しいこたあない。

使う貝殻はサザエじゃ。基本的には廃物利用じゃけ料理屋がタダでくれるけんど、仁淀川の場合はそうもいかん。なかなか高うにつくぜ（笑）。

四万十川の道具は貝殻と貝殻の間隔が30～50cmで広い。仁淀川じゃあ、貝殻どうしがひっつくばあびっしりつけるがが流儀じゃ。間隔は5cmばあのもんじゃき、料理屋からもろうてくるだけやったらとてもやないけんど足りん。ひとつこしらえたら何年も使える道具じゃが、最初は市場で箱ごと買うてでもサザエを集めんといかん。それで高うにつくわけよ。

貝殻の間隔の違い？　いや、これは土地の気風の差ではないぜ。ひとくちでいうたらゴリが違うがよ。四万十川で獲るゴリと、わしや親父が仁淀川の越知地区で獲ってきたゴリは、種類が違うということじゃ。むこうは河口近くのゴリ、こっちが獲るのは上流のゴリじゃきね。いうたらガラ曳きで獲るゴリ（ヨシノボリ）には、習性の違う2種類がおるということよね。

どういうふうに習性が違うかというたら、下流におるゴリは警戒心が強いというか行動的というか、貝殻に敏（さど）こうて、わりあい遠いからでもスイッ、スイッと先走らあね。逃げ足が速いぶん、貝殻どうしの間隔はあんがいスカスカでもかまわんがじゃ。

越知のほうにおる、つまり仁淀川上流のゴリは逆のタイプよ。とろこいというか、貝殻がぎりぎり迫るまでじっといがかん（動かない）わね。追い立てられたら面倒くさそうにぴっと上へ逃げて、また貝殻が後ろへ来たらいやいや逃げる。そういう性格じゃ。

鎖に近いぶん、貝殻の間隔が粗（あら）かったら抜け出てしまうろう。ほんじゃき、越知あたりで四万十川で使いゆう道具を曳いてもまず獲れん。逆に、上流で使うガラ曳きの仕掛けは下でも使える。貝殻が多いぶんにはかまわんがじゃき。実際、ゴリの見え具合や季節に応じて、わしは同じ仕掛けで河口でもガラ曳きをしゆう。

下のゴリと上のゴリは習性も違うが、色も少し違う感じじゃな。どこがどう違うというがは難しい。外見ではそれぱあの差しかないと思う。けんど、味じゃったらはっきり見分けがつくわね。うまいがは、なんといっても上のゴリよ。これは高知市内あたりの仲買人

最後にゴリを追い込む箱。幅1.5m。メッシュとパイプを組み合わせた手製。入り口部分には石を載せ、ゴリが箱の下に潜り込まないようにする

貝殻の間隔は5㎝ほどだ。鎖へ密に結びつけるのが仁淀川（越知地域）流だという。貝殻が割れたら、料理屋に声をかけ、もらう

ガラ曳きのフォーメーション。箱は上流に構え、鎖の長さをゆっくり縮めながら、牧場の羊や牛のようにゴリを追い上げる

も昔からよう知っちょって、河口で獲れるゴリより1割から2割値がえいわね。

**ドンコだけは気をつけんといかん。あれが一匹おると漁はパーじゃ**

『日本の淡水魚類』（水野信彦著・後藤晃編／東海大学出版会）によれば、40年ほど前まで、ヨシノボリは海と川を行き来する1種類（湖沼陸封型を含む）だけと思われていたそうだ。

その後、一生を川だけで終える生殖的にも隔離した型（つまり別種）の存在が明らかになり、カワヨシノボリと名づけられた。近年はさらに研究が進み、ヨシノボリには多数の「型」があることがわかって、それぞれ新称が与えられている。

長らく同種と見られてきた理由は形態的な見分けの難しさにあるが、仁淀川の漁師が、河口域のゴリと上流域のゴリの習性や味の差を認識し、「種類が違う」と断言し続けてきたことは、たいへん興味深い。

ちなみに地元研究者の調査報告によれば、仁淀川本流で両種の混生するエリアは伊野（いの）町の勝賀瀬（しょうがせ）付近で、これより下流がヨシノボリ域、上流がカワヨシノボリ域になるという。

ガラ曳きをやる場所は、小石がある浅い瀬じゃ。蜜柑から握り拳ばあの石がびっしりあるところがえいわね。ゴリは、暗いうちはこの石の隙間におって、日が照って温うなると石の表へ出て、小さいヒラムシ（カゲロウの幼虫）らあを食べよる。

時期は春の彼岸あたりから。水の冷やいうちは活動が鈍いけ、お天気のえい日でなけりゃあ獲れん。夏やったら、多少曇りの日でもよう石の上を走る。11月の上旬ぐらいまでは獲ろうと思えば獲れるがね。結局、虫らあの加減（活性）ということじゃろう。

貝殻を引っ張るときは、鎖が浮かんように足で地面へ押さえつけもって、ゆっくり寄せることじゃ。遅いぶんにはえいが、早うしてはいかんぜ。やりこくりよる（失敗する）。うっとおしいもんが後ろから来よったぜよ、ぐらいの感じじゃったらゴリは石の上を走ってまた石の上に止まるけんど、いっぺん怖じたら石の隙間にすみ込んで（潜り込んで）しばらく出てこん。子供と鬼さんこ（鬼ごっこ）やるような距離感を保つがが要領よ。

人数がようけおるときじゃったら、すみ込んだ石を後ろから踏んで無理矢理追い立ててもかまんけんど、ふたりばあでやるときの基本は、とにかく静かに引っ張ることじゃ。とくに水温の低い時分は、がいに（激しく）追うたら、ゴリはすんぐ石の中へすみ込んでいくけ。

そうそう、もうひとつ気をつけんといかんがはドンコじゃ。あの魚を一緒に追い込んだら、ゴリはみなパニックを起こして散っていくぜよ。ほかの魚はどうもないけんどドンコを見たら、ゴリは石の間にも潜らんと宙を泳いで飛んで逃げよる。貝殻も嫌がることは嫌がるがドンコは天敵じゃき、ほらあ反応がぜんぜん違うわよ。よっぽど怖いと見えて、もし箱の入り口にあいつがおったら、みなUターンしていきよらあ。ほんじゃき、追い込む方向にドンコがおった場合は、棒でつついてほかへ追い出さんといかん。

河口のゴリの産卵は5月ぐらいから始まるが、わしが見たところ上流のゴリは6月ごろじゃね。あれはたぶん2年ばあの命と思うけんど、卵を産んだら満(み)てる（死んでしまう）魚じゃ。なぜかというと、6月ごろを境に太いがはほとんどおらんようになる。残っちゅうものはこんまいもんばっかりじゃ。

そうなったらガラ曳きもひと休みよ。いうたち、その時分はウナギで忙しいけ、ゴリどころではないがよ。7月、8月に入ると、こまかったゴリが少し大きゅうなっちゅう。またそろそろ曳いてみようかよ、ということになる。平水(へいすい)で川底が落ち着いちょったら、ゴリは春ほど神経質ではないし、水も気持ちえいし、ガラ曳きにはもってこいよ。粒は多少こんまいが確率もようて、囲い込んだゴリの9割は獲れるろう。

いちばん獲ったときかね？　そうじゃねえ、昭和50年の台風で川が荒れるまでは、どこでもわりかた獲れたもんじゃがね。あれは前にあんたらとナマズを獲った支流じゃった。息子と一緒に貝殻を入れてみたら、20㎝ばあ引いただけで貝殻の前に黒い帯ができちゅう。

水深やゴリの状態によって、追い込み方は変則的になる。
これは弥太さんが箱の横に構えて指示、取材スタッフに
ゴリの多いエリアを巻くように曳かせてきたところ

箱に続々と追い込まれるゴリ。
数が多いときは途中から川底が
真っ黒に見え始める。最後に軽
く貝殻を揺すると奥まで入る

今でこそローカルな魚のように見
られているが、昔は各地で賞味さ
れた川の味。ガラ曳き（ゴリ押し）
は江戸時代の文献にも登場する

こらあどうしたことよ。めっそないことぞと曳いてきたらじゃね、ゴリの上にゴリが重なって、しまいには貝殻を乗り越えるほどじゃった。

1回で獲れた量が1升桝（ます）一杯。同じ場所で続けて貝殻を曳いたら、また5合ばあ獲れた。一日では1斗3升獲ったのが最高じゃった。あのときは重さにしたら22～23kgはあったがじゃないかね。

いやあ、今はとてもやないがそんなには獲れん。何kgほしいと注文がありゃあそれを目標に曳くこともあるけんど、商売になるほどの漁にはならんね。感覚としては水遊びよ。

工事やら大水で砂が出てゴリ自体が昔よりも減ったがと、川が変わってしもうて同じ大きさの石がそろうた瀬が少ないろう。流れてきた大きな石が瀬のところどころにあるけ、鎖が引っ掛かりよる。無理に曳いたら大きな音がたって、ゴリが怖（お）じて石にすみ込む。ほいでやりにくうなったわ。

第9漁

# イダ・地バヤ・改良バヤ

近年、さまざまな生物情報が飛び交うせいか、オイカワやハエといった標準和名や西日本ローカルな呼称も、弥太さんの口から出ることがある。表記のような呼称が仁淀川流。

イダ（ウグイ）

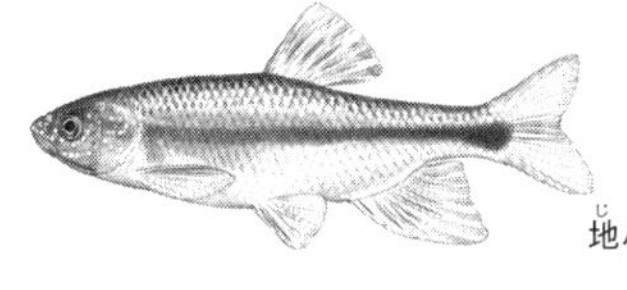

地（じ）バヤ（カワムツ）

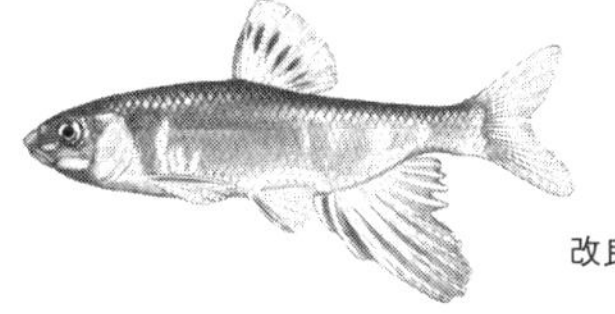

改良バヤ（オイカワ）

# イダは碁を打つ。昔はそれを見てツケバリの目印にしとった

川も温うなって魚が動き出してきたわね。桜が咲いたら、ぼちぼちイダの産卵が始まる時期よのう。イダというがは、名前はなんべんも出てきたと思うがウグイのことじゃわね。近ごろは食べんようになったが、昔は仁淀川支流の久万高原のほうらあの人らがよう食べよった。

わしの住みゆう越知町のあたりは、まだ海から近いほうよ。車で1時間も揺られりゃ海のねき（際）の須崎まで行ける。それやけ、魚にもさほどは困らん。うちも昔は須崎から魚を仕入れて売るがが商売じゃった。

久万は越知からまだ谷を入っていった山の奥になるけ、昔は新鮮な海の魚は手に入らざった。そのかわり食べたがが川魚じゃ。夏はアユやウナギがあるが、冬の魚がない。それでイダを食べたわけよ。あの魚はそこそこ大きゅうて目方があるけ。

わしの親父は昭和38年に死んだが、それより4～5年前までは、よう久万からイダの注文を受けおったと記憶しちゅう。寒イダというてね、なかなか人気のあるもんじゃった。

淵にツケバリ（延縄）を入れて、エサはゴリの1匹掛けよ。イダがおるかどうかは川の底を見たらすぐわかる。

あんたら、イダが碁を打つがを知っちゅうかえ。魚が碁を打つがぜ。いや、これはほんま（笑）。淵のまわりをよう見たら、石がぽつりぽつりと白うなっちゅうわ。これがイダの碁打ちよ。ヒラムシ（カゲロウの幼虫）らあを、石をひっくり返して食うた跡じゃわね。大水の後の川を思い出したらわかるけんど、表面を洗い流された石は白いわね。これにお日いさんが当たったら、垢がついて茶黒うになってくる。イダがひっくり返すと、垢のついちょらん白い裏が見えるというわけよ。イダだけやのうて、ニゴイらあも、よう川底で碁を打つ魚じゃわね。

獲った寒イダは、商売人に託して久万まで生きたまま送った。時期は12月から2月まで。ほかに漁のない時分じゃき、あのころはわしらも助かったのう。

向こうへ着くころはもう魚の息はないが、寒い盛りじゃき新鮮よ。炊いて食べるいう話じゃが、イダを食う習慣は越知から下ではあんまり聞かん。むしろ低うに見るわね。前にもいうたが、ウナギやナマズさえツケバリにイダの身を刺したらそっぽ向くというがこのへんの常識やけ。

昔の久万の人らあは3月になって腹に赤い色が出てきたら、桜イダというて、もう食わざった。かというたら、よその県では卵を持った春のイダのほうが人気のある川もあるというけ、人の舌というのはわからんというか、面白いもんよのう。

今は久万の人らあも、もうイダは食わんろう。流通が発達して海の魚を買うに不自由ないし、アメゴ（アマゴ）の養殖も20年ばあ前から始まっちゅう。わざわざイダにこだわる必要がのうなったわのう。

獲って楽しむぶんには、春の桜イダが面白い。瀬に固まっちゅうところへ、ダンゴのようなオモリをつけたハリを竿で飛ばして引っ掛ける。投網でもよう獲れるけんど、ここらでは引っ掛けでよう獲りよった。簡単になんぼでも掛からあよ。

ようけ（たくさん）集まったときは、何百ではきかん。もうそこらへんが真っ黒で、底が見えんばあになるぜ。この時期のイダは面白いもので、だいたい1週間単位で卵を産みよらあ。それも昔からだいたい付く場所が決まっちゅう。越知じゃったら沈下橋の近じゃとか、どこの集落では堰堤の下の瀬じゃとか。昔は、イダが集まりやすいように瀬を造成する者までおった。

今日たくさん獲れたきいうて、続けて通うてもいかん。2日ばあでおらんようなる。けんど、よう獲れた日が日曜じゃったら来週の日曜にまた行ってみいや。同じ場所に真っ黒うなって付いちゅう。まっこと不思議よね。考えてみるに、あの魚は1週間で孵化してしまうがじゃないろうか。砂利に卵をひっつけるように産む魚じゃき、前の卵が孵化せんうちに同じ場所で競り合うたら、卵が流れてしまうろう。

産卵の曜日というか時期をどうして決めちゅうがかは知らんが、匂いやないと思う。なぜかというたらやね、匂いが合図じゃったら、上の魚には知らせが届かんもの。川の水は上から下へ流れるがじゃき。

よう見よったら、あれらあはオスメスいわんと、下のもんも上のほうにおったもんも、第一週、第二週のだいたい同じころに同じ瀬へ集まってくるぜよ。まあ不思議な習性じゃが、その規則正しさが仇になることもあるということじゃ（笑）。

獲った桜イダは、ひとつふたつなら揚げたり炊いて食うてもえいけんど、なにせえどっさり獲れるきね。ニワトリのエサが関の山じゃった。イダというたら、最近は20㎝ばあの小さいもんを活かして海へ持って行くもんがおる。アオリイカを釣る活きエサにするいうことじゃ。

イダは海水に強いだけやなしに、もうひとつメリットがあるらしい。ボラの子じゃったらイカが近寄ってきたらシューッと逃げよるらしいわ。怖さを知っちゅうきね。イダは川で生まれ育って、今日はじめて海へ放り込まれたがじゃき、イカの怖さを知らんわけじゃね。それで、ボラよりもイカの抱きつく率がえいらしい。

## オイカワが仁淀に入ったのは昭和8年。で、ショウハチとも呼んだ

オイカワやカワムツのことは、ハヤと呼びゆう。ハエ、ハイというか、そういう発音よね。雑魚（ざこ）じゃき、普通はひっくるめてハヤじゃが、呼び分ける必要があるときは、わしら

は子供のころから改良バヤとか地バヤと呼びゆうけんど。

改良バヤがオイカワよ。それで地バヤが、あんたらがいう図鑑ふうの呼び名のカワムツじゃ。名前からある程度察しがつくと思うけんど、改良バヤというがは地バヤと比較するための呼び方で、ほんまは仁淀川では地バヤが先輩ぜ。

改良バヤのオイカワ、あれはよその川から人が持ってきた魚よ。カワムツに似いちゅうが、色が改良したようにきれいじゃき、そういう名前になったがじゃないろうか。きれいな改良バヤ（オイカワ）に対して、カワムツは元からおるけ、地バヤと呼ぶがよのう。カワムツは改良バヤと比べて色が赤いけ、赤バヤと呼ぶこともあるわね。

オイカワが仁淀川に入ったがは、わしが生まれた昭和8年のことじゃったと、わしは昔の年寄りから聞かされた。昭和8年じゃき、しばらくショウハチとも呼ばれよったらしいがね。柳瀬（やなせ）川（支流）の奥の村の人が、伊勢のほうの川から獲ってきて入れたがやと。田岡という名前の人じゃったらしい。ほんで向こうのほうでは、オイカワのことを田岡バヤとも呼びゆう。最近はそんな小魚の呼び名を知る者も、だんだん少のうなりゆうとは思うがね。

戦後は改良バヤがうんと増えたわね。地バヤと勢力が逆転した感じじゃった。けんど最近はそうでものうて、また地バヤが増えちゅうようやね。食べてうまいのが改良バヤのほうじゃ。夏場はさっぱりした魚じゃけんど、寒の時期には味が出てくる。から揚げらあに

網を張る場所は速すぎず深すぎず。細い谷では、古い刺し網を張った特製のタモへ追い込む。後戻りができないので確実にすくえる

船での刺し網漁。船の上から見たオイカワの動きから、逃げ込む方向を確かめ網を張った。棹で脅して追い込むと鈴なりに……

したらなかなかのもんよ。たんまに人に頼まれたら網（刺し網）を仕掛けるし、ウナギやナマズのツケバリのエサにもなるけ、年に何回かは獲りゆう。

改良バヤを獲るがには、緩い瀬や浅い淵に刺し網を掛ける。刺し網は、アユの稚魚の関係で年明けからアユの解禁まではできん規則じゃき、食べるがに獲るやったら12月。網を張るときに頭へ入れちょかにゃいかんがが、あれらは怖じたときにどっちへ逃げるかということじゃ。だいたい逃げ込むがは淵の深みじゃが、さて下の淵に飛び込むか、それとも上の淵へ走るか。この読みを間違うたら網はもぬけのカラぜよ。

逃げる方向にはだいたい決まりがある。その群れが普段どこで休みゆうかということじゃ。網をかける場所の近くにおる群れは、下りてきたもんか上がってきたもんかを、よう見極めるということが大切よね。

上から下へ遊びに来ちょったがじゃったら、刺し網に向かって下から追い上げんといかんし、下の淵から出稼ぎに来ちゅう魚じゃ思うたら、下に網を張って、そこへ追い立てる。いや、下の淵に棲みゆう魚やったらねえ、めっそ上へは走らんよ。下から上向いて足で水を蹴たくってもじゃねえ、わざわざUターンして足をすり抜けて下の網に刺さりゆう。

これはイダも地バヤも一緒。アユもそう。前にもいうたように海から遡上して育つアユを瀬張り（漁法の一種）で獲る場合、下流が基準、いうたら海側が逃げる方向になるがじゃ。

そこの魚がどっちへ走る習性があるか。これを知るがは経験の積み重ねじゃが、やりこくりよったら（失敗すれば）すんぐわかる。下へ追い込んじゅうに股をくぐって上へ走ったら、上の淵から来た群れじゃ。次の判断材料にすりゃえいわね。

ただ、最近はこの法則もちっとあてにならんなってきた。鳥のせいよ。どういう理由かわからんが、昔じゃったら下流の緩い流れや池におったカイツブリが、最近、上流の淵に来だいた。これが常時魚を追いかけまわすけ、以前じゃったら淵を逃げ場にしよったハヤの類が、戻らんと瀬付きになってしもうた。

本流はウが増えて、これもちょっと困ったことになってきたわね。ウの群れが淵に潜ったら、怖じた改良バヤらは浅い岸辺へ逃げる。ほんならよう知ったもんで、そこじゃあサギが列になって待ちかまえちゅうぜよ。

白と黒の連携プレーで魚は挟み撃ち。ほんじゃき、近ごろは本流で改良バヤが減ってきた。地バヤの勢力が盛り返して

弥太さんおすすめのオイカワ料理は、から揚げ。夏は少し骨っぽいが、冬のオイカワは気にならず、味もよい。カワムツよりうまいそうだ

きたように見えるがは、そのせいもあるかもしれん。

ところでわしの見たところ、オイカワいぅ魚は性転換するがぜ（笑）。学者さんはどういうかしらんがね、産卵を終えたら明くる年、この魚はオスになる。どういうことかというたらね、カニの話のときにもしたが、春の終わりから夏の入りかけに、よう淵でオイカワが死んじょったり、死にかけてキリキリ舞いゆうがよ。多いときはいっさん（いっぺん）に20も30も腹を返して淵を回りゆう。それは全部が全部、体が青い色をしたオスよ。白いメスが同じようにいっさんに死んじゅうがをわしは見たことがないのう。

普通じゃったら、産卵が終わったオスとメスは一緒に死ぬるがじゃないか。アユもサケもそうよねえ。まあ、オイカワは習性が違うというたち、メスが死んじゅうところが見られんというがはどういうことよ。それやったらオスとメスの数のバランスが変わってしまうがじゃないかね。

オイカワは、ある程度成長したらオスに変わっていって、ほんで寿命を迎えるがじゃなかろうかとわしは考えちゅう。アユの火振りの折りに、わしは年寄りらあにこの持論をしたことがあった。ほいたら笑うてバカにされたわね。わしは聞いた。それじゃったら、おんちゃん、オスの死ぬるがは見たことがあるかやと。それはあるという。ほんならメスもあるかよと聞いたら、メスはないという。ほいたらおんちゃん、メスはいつ、どこで死ぬるがよとわしがいうたら、返事をせんかった。性転換するとでも考えようほうが、わかりやすいがじゃないかね。

　これは想像ばあやなしに、実際、これはメスからオスになったばっかりじゃないろうかと思う外見のオイカワを、農大の教授に見てもろうたこともある。あのオイカワはヒレも間違いなしにオスの特徴のもんじゃったが、腹を割いたら卵巣が入っちょった。先生はしまいには、これはメスじゃろうといいよったと記憶するが、わしは、それこそメスからオスに変わりかけやったがじゃなかろうかと思うとるがね。いや、笑われてもそう信じちゅう、今でも（笑）。

　それやけ、今度いっぺん実験をしちゃろうと思いゆう。池に、これは間違うのうメスじゃというオイカワをつかまえてきて飼（こ）うてみればえいわね。何年かたって池から出してみて、オスがおったら性転換をしちゅうという証拠じゃきね。これは本気ぞね。

第10漁

# 川と船

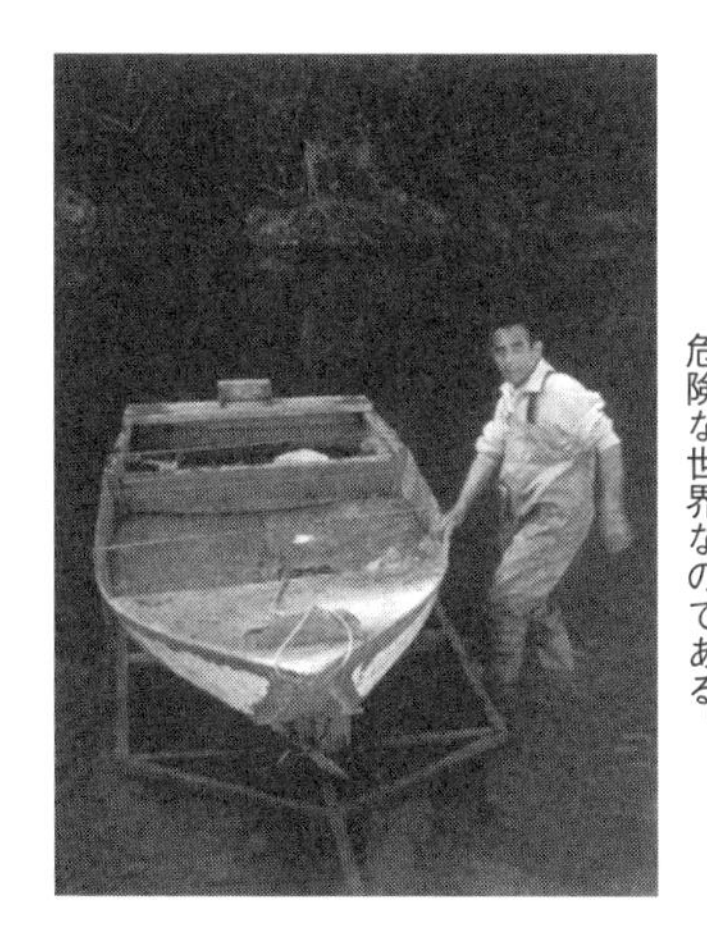

船は、川漁師の最も大事な商売道具だ。そして川の漁は、海と同じように、板子一枚下は地獄という危険な世界なのである。

## わしの船は仁淀一の不細工船。でも軽快で実用的な本職仕様じゃ

船の話かね。いやあ、船については、ことさら自慢するようなことはないがのう。仁淀川を上から下まで見て歩くとわかるけんど、いちばん不細工なががわしの船じゃ（笑）。ほかの者はみんなええ船に乗りゆう。船大工に造らせた、すらっと格好がえい木の船よ。楽しみで組合（漁協）に入っちゅう者のほうが、今はよっぽど上等な船じゃわ。

わしが乗りゆうがはFRPの船。木の船はきれいじゃけんど、ほしいと思わん。あれは仕事には重いぜよ。木でこしらえた船は、川の近の人、それもあちこち移動をせんで魚を獲る人じゃったら不便はない。昔の川漁はそうじゃった。家の下に船を着けて、そこから行ける範囲で魚を獲りよったわけよ。魚もうんとおったし、川の水も太かった。

今は漁で食おうと思うたら、上から下までそうとう走り回る覚悟やないと魚は獲れん。ウナギの始まりの時期は河口。最盛期に入ったら中流で、アユが始まったら上のダムの真下まで船を持っていかないかん。何十㎞もの間には堰もあるし浅い瀬もある。車で引っ張るしかないがよ。

わしの船は、半分自分でこしらえたもんよ。知り合いからFRPのいらん船があるが使うかといわれて、ふたつ返事でもろうてきたもんじゃ。海で使いよった船で、最初は今よ

かだいぶ大きなもんじゃった。自分で船縁を切り取って、底のほうだけ残して川船に造り替えた。これじゃったら木の船よりもうんと軽うに仕上がって、ひとりでもトレーラーに積みおろしができるき。

　多少手荒う扱うて傷がいっても、自分でＦＲＰを引っ付けたら簡単に直る。木の船では、そういうがが自由にできんのよ。わしはアユの時期以外たいていひとりの漁じゃきね。

　仁淀本来の木の川船は、まあ、よその川のもんと形にさほど変わりはないと思うが、アユの玉ジャクリに使う船だけは、ほかの土地にはまずない形じゃろう。玉ジャクリというがは前にもいうたかもしれんけんど、船の上からカガミ（箱眼鏡）で覗いてオモリのついたハリでアユを引っ掛ける獲り方よね。

　これをやる船は仁淀独特というより、越知にしかない。ちょうど将棋の駒みたいな丈の短いひとり乗りの船で、舳先の左右にいくつも刻み目がある。そこへ錨綱を掛けたら、水の当たり具合が変えられて、船の位置が好きに動かせる。左右の移動は自由で、前後の位置も綱で調節できる。なかなかようできた船よ。

　仁淀川の中でも越知というところの者は発明家がそろうちょって、いろいろなもんを考えるがが得意じゃわね。最近は川船にウインチを取り付けて綱の長さを楽に調整できるようにするがが流行っちゅうが、これも越知の者が考え出した方法じゃ。一種の土地柄というか、人間の気風というてもかまわんじゃろう。

船で気をつけんといかんがは、なんというても走りゆうときじゃわね。岩や杭に気がつかんと乗り上げるががいちばん怖い。スピードを出して水の上を自然に跳ねゆううちは自分なりにリズムも読めるけんど、ふいに障害物にぶつかったときいうたら、ドンと放り出されて、いやというばあ水面に顔を叩かれる。

水泳の飛び込みなら準備もできちゅうろうが、船から放り出されたときいうたら、もういきなりじゃき。驚いた拍子に鼻や口から水を飲んで、悪うした場合はそのまま窒息よ。わしは危ない目に遭うたことはないけんど、水死事故の第一発見者になったことがある。なんぼ川で暮らしてきたというても、ああいう仏さんを見てしもうたら、川では死にとうないとつくづく思うわね。

船に同乗するときに注意せんといかんがは、まず、立ち上がらんということ。ふたつ目は、座るときは横向きではいかんということじゃ。乗せてもろうたときは必ず前か後ろを向く。なぜかというたらね、船というがは前後にはそれほど揺れんけんど左右には簡単に動く。人間はバランスを前後で取ろうとするけ、船に対して横向いて座るとローラースケートをしゆうようになる。

わしは今まで人を船に乗せて川へ転落させたことが、いっぺんだけある。それが、この座り方じゃった。それでは落ちるぜよというたに、その男は大丈夫じゃいうて聞かんかった。そしたら、ふとした拍子に絵に描いたように落ちた（笑）。

川船が普通に浮かんでいる姿は、今の日本ではたいへん貴重。よい面ばかりでもない仁淀川だが、これは大いに誇ってよい光景だ

仁淀川越知地区限定、それもアユの玉ジャクリ漁だけに使われる独特の形をした小船。流れを利用することで自由に位置を動かせる

## いちばん怖いがは雷。開けた本流では、どこに落ちよるかわからん

何年も船に乗りよったら、川の様子の変わりようが細こうにわかる。昔は岩や瀬、淵ごとにみな名前がついて地名のような役をしよった。たとえば長瀬という大きな瀬があったが、いつの間にか埋まってのうなった。長瀬のところというても、若い者は見当もつかん。鍋ケ淵いう鍋みたいにまん丸な淵も河原になっちゅう。あこは昭和30年ごろに堤防を築いて川の流れを変えたら、あっという間に消えてしもうた。

思えばそのころからじゃねえ、川の様子がうんと変わりだしたがは。昔も、大雨が降りゃあ、ウナギの箱をつけちょった淵がすっかり河原になってしまうようなことはあった。そうこうするうちにまた大雨が降る。そんなときは、昔の年寄りはこういうたわね。「今度は元に戻るぞ」と。

水が引いたら、たしかにまた箱の付け場になるような淵に戻っちゅう。昔は川自体が復元力を持ちよった。それが少しずつ狂いだしたのが戦争のあたりからよ。わしの家がある場所は越知の中心地よりちっと下がったところで、もともと浸水の常習地帯じゃったが、戦時中、1年に6回も水が入る異常な年があった。

お国のために船を造るというて、山に自然に生えちゅう太い木を片っ端から切った。そ

れで山で土砂崩れが起きて河床が高うなって、ここらが水のあふれ場になってしもうた。
山はスポンジじゃ、木は天然のダムじゃ、やき大事にせんといかんという理屈が、わしら田舎の者の間にも浸透しだいたがはこの5年ばあのことじゃが、経験的な感覚としてはみな昔から知っちょったことよ。

最近で大きかった水害は、昭和38年と50年。38年のときは天井のほうまで水がきた。50年の水害では、あんたらがいま腰をかけちゅうあたりまでは入ってきたのう。

この30年ばあ、水害自体は確実に減ったと思う。というがも、河原で建築用の石や砂をたくさん採りゆうろう。あれで、どんどんどんどんと河床が下がっていったがよ。

もちろんダムの影響もふとい。最初に越知に第三発電所ができた。そのまた奥に大渡ダムができて、おおかた15年ばあになる。今も仁淀川はえい川じゃといわれるし、わしらも誇りには思うちゅうけんど、ダムのない時代の仁淀川のすばらしさというたら、今とは比較にならんぜ。

わしらは世代的に事情を知らんけんど、漁業補償も知れたもんじゃったし、えいようにあしらわれたがじゃないかね。工事で川が濁りだいてからコトに気づいて、支流の桐見川にダムができたときには、アユの味がいかんなったとみんなあいいよったが、まあ後の祭りじゃったわね。ダムで水を止める。川底を掘って砂利を取って、流れをいじくる。たしかに水害は減ったけんど、魚と漁にとってえいことはひとつもなかった。

今、見た目には仁淀川の水は澄んじゅうけんど、越知あたりの水は、いうたら死に水じゃきね。ダムで淀んだ質の悪い水が順々に送られてきゆう。ダムの終わったところで谷水と合流したり伏流になって、まあまあ生き返っちゅうという程度じゃ。

昔は源流からの生きた水がそのまま流れてきよって、サイ（水垢）の質もうんとよかった。伏流の水も今よりかしっかとあったきねえ。

せっかく回復した水も、伊野あたりに行たらまたやられちゅう。あこらは昔から製紙が盛んで、これもなかなか頭の痛い問題よ。排水対策はしちゅうということになってはおるらしいが、漁をしておったら、細い支流から本流に、白いもやっとしたもんが流れ出て底にたまっちゅうがが見える。紙の繊維屑よ。ヘドロというほどではないけんど、水にとっても魚にとってもえいことないわね。

操船に欠かせない水棹。カシの仲間のうち、とくに細身で重量感のある、ある地域の山だけに生えている交雑種（？）がよいという

愛船は軽いFRP製。上流から下流までが行動範囲なので、ひとりで上げ下ろしができ、メインテナンスも楽なのがなにより

赴く場所や漁の種類によっては、さらに軽快な小型のボート（釣り用）を使うこともある

川漁でいちばん心配ながはお天気じゃ。ことに夏の雷と大雨が怖い。もう4～5年になるかね、主の川の真ん中で、ふたりの男がそれぞれの船でアユ漁をしよった。そこへゴロゴロと雷が鳴りだした。ひとりが、いっぺん車へ上がろうと声をかけたけんど、もうひとりが「雷がどうしてくるや。なんちゃじゃないことというな」と答えた。

「わしはこわいけ、戻る」と、岸に帰って河原に置いた車に乗ろうとしたところ、ドカンと大けな音がして、振り返ったら船の男がおらん。雷がおさまってから行てみたら、船の上で真っ黒焦げじゃったそうじゃ。むごいことよのう。

谷では鉄砲水に気をつけんといかん。昔、このへんの年寄りは、頭が急に寒うなったら雨が降るというた。気圧が変わって冷たい空気が下がってくるということじゃわね。とくにカニの仕掛けを入れに谷に入ったときは、雲行きを注意しちょかんと、せっかく入れた仕掛けを鉄砲水に流されらあ。

漁師にとってもうひとつ気になるがは、雨の量じゃわね。ウナギのように大雨の後が面白い漁もあるにはあるけんど、アユの火振りらあはしばらく開店休業になってしまうけ。どればあの雨が降ると本流の水量がどうなるかという見極めは、今の時代、難しい。結局、ダム次第じゃけ。さほどの雨量でのうても、ダムが満水じゃったらどんどん放流しよる。今はサイレンの音が、いちばんの判断材料かもしれん（笑）。

第11漁

# 仁淀の雑魚たち

ウナギのツケバリに掛かっていたのは、大きなライギョ。もともとは仁淀川にはいなかった魚だ。飼育施設から逃げて野生化したらしいスッポンが掛かることもある。

## ●アメゴ

アメゴ（アマゴ）は、昔は越知(おち)町あたりでもおらんかったこともないが、数は知れちょった。もうびっと水の冷たい川の魚じゃあないかね。上のほうに住みゆう従兄弟(いとこ)はよう釣りよった。1日谷に入って14～15は上げよった。そうよねえ、大きいもんやったら1尺近いアメゴもおったと記憶するがね。

わしも子供のときは釣ったことがあったぜ。1月じゃったのう。エサは石をめくって採った平虫（カゲロウの幼虫）よ。仕掛けは今のアメゴ釣りみたいな気の利いたもんじゃあないわね。鮃糸に太いテグスが結んじゃぁある粗末なものよ。もともと目が利く魚じゃき、道具が太かった時代にはしょう（なお）気難しい魚で、目印が動いて掛かったときは子供心にうれしいもんじゃった。

夏には、タモや手づかみで捕ったこともあった。あれは人影を見たらすんぐに逃げる警戒心の強い魚じゃが、いったん狭い穴の中へ追い込んだらもうこっちのもんよ。

アマゴ。サケ科。サツキマスの河川残留型。体に朱点がある。本来の分布は神奈川県酒匂(さかわ)川から西の太平洋側、四国全域、大分県大野川以北の九州瀬戸内海側。四国ではアメゴと呼ぶ

仁淀川にはマスもおるぜよ。アメゴがマスになって海からのぼったもんかどうかはわからんが、ときたまアユの火振りの網に掛かるわね。そうよねえ、年に4つか5つばあ。多い年はひと晩で16本獲ったことがあった。もう7～8年になるかねえ。

その夜はすぐ上で別な男が火振りをやりよったけんど、そっちには掛からんと、わしの網にばっかり16本も。「不思議なこともあるもんよ」と思いよったんじゃが、考えてみるに向こうの網はウキが青白かった。わしのは茶色。警戒心が強い魚じゃき、青白い色に怖じたがやろう。

網も、わしのは穴だらけじゃった。それでもマスが掛かるということは、やっぱり青白い色を警戒して、こっちばかりに来たがじゃと思う。そのマスはひとつ1000円で売れて、1万6000円になった。いや、昔はこれほどマスもおらざったと思うぜ。養殖のアメゴを放流するようになったせいかどうかは知らんが、マスが掛かるようになったというがは近年のことじゃ。

前にはピンク色したマスを延縄で釣ったことがある。なにせえはじめて見たもんじゃき、てっきり魚が食いついてそのまま死んじゅ

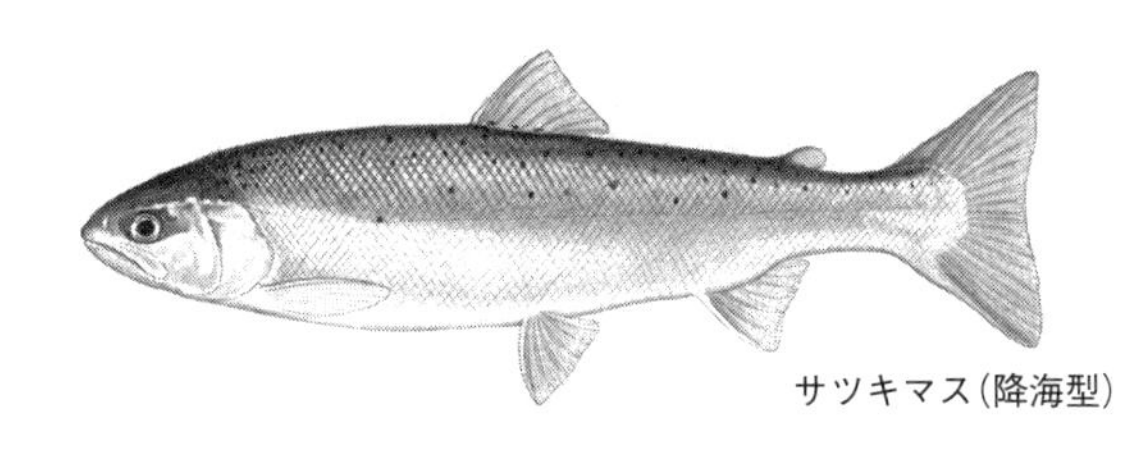

サツキマス（降海型）

うと思うた。死んだ魚は薄い色になるきね。

けんど近寄ったらピューッと走って逃げる。ありゃあと思うて上げてみたら、サケとかマスが婚姻色になったような魚じゃった。今、思うにあれはニジマスじゃったかもしれん。

## ●ドンコ

この魚をわざわざ獲りにいくという者はおらんのう。食うてみりゃあそれなりに味はえいがかもしれんけんど、名前がドンコというぐらいじゃけ、よう「食いよったら人間が鈍(どん)になるぞ」と冗談でいうたもんじゃった。漁としても食用としても対象外じゃわね。

ただ、子供の遊び相手としてはなかなかの人気者よ。夏休みというたら、まず川が遊び場じゃろう。大きな石をこいて（返して）歩いたら、何個かにひとつは必ずドンコがおる。石をこいた痕(あと)を瀬釜(せがま)というが、あれらあは普段そういう瀬釜に隠れちゅうわけよねえ。

今もツガニの仕掛けを入れちょいたら、エサの匂いにも誘われるがじゃろうかね。その下へドンコがよう入り込んじゅう。

ドンコは、産卵期になったら、岸かけ（岸辺）の穴によう入っちゃある。ほんで、ありゃなかなか愛情の強い魚じゃわ。メスが卵を産んだらオスが孵化(ふか)するまで自分の子の面倒を見よる。だいたい6月ぐらいからかねえ、卵を産みはじめるがは。

千葉におる親類の子が、昔、何か手づかみにできる魚はおらんかと穴の奥へ手を入れてじゃね、びっくりして逃げてきたことがある。

卵を産むときのドンコは、人の指にも平気で咬みついてきよるけ。まっこと知らん者じゃったら、そうじゃねえ、指先で爆竹が鳴ったばあの衝撃じゃろう。ギザギザした歯で本気でかかってくるがやけ、子供じゃのうてもびっくりするぜよ。

ドンコを見つけたら、先が3本の小さい金突き（ヤス）を真上にそうっと近づけ、トンと突いたら簡単に獲れる。それこそ鈍な魚じゃ。獲れることは獲れるけんど、いうたら技というものがない。やき、えいようにはいわれんがじゃろう。

けんど、どうかね。今の人らあは大人で

ドンコ。ハゼ科。愛知・新潟県以西の本州、四国、九州に分布。全長25㎝に達する肉食魚

も川というものを知らんけ、ドンコにもバカにされるがじゃあないかね。もし仁淀川に来る機会があったら、ドンコあたりから知恵比べをしてみたらどうかね（笑）。

## ●カマキリ

カマキリは一時だいぶ減ったけんど、最近また増えてきゆう。なんでかと思うたら、最近、建設省（現・国土交通省）が道幅を広げて、そのとき石やセメントで段々をどっさりこしらえた。あんなもん、川の魚には百害あって一利なしの工事じゃと思いよったが、ことカマキリに限っては利があったようじゃのう。

よう考えたらじゃね、あの魚は河口寄りで産卵する魚よ。それも石の天井に卵を産みつける習性があるわね。ところがここ何十年と川が荒れてきたろう。砂が出て石の隙間が埋まってしもうたけ、カマキリが増えれんようになってしもうた。

もちろん工事も原因じゃ。ところが、下流の道路拡張工事で段々にこしらえたセメントの天井が、皮肉なことに今までの石のかわりになって、カマキリらあに卵を産ませるようになった。マンションができたということじゃわね。

福井県の敦賀（つるが）の人に聞いた話やと、あこらじゃあカマキリは淡水が七分、海水が三分ほどのところで産卵をするらしい。仁淀川の道路拡張工事があったがも、だいたいそんなあたり。アユやらツガニと同んなじで、あれも繁殖に海が必要な生き物じゃね。

カマキリも、もっぱら子供らあが瀬釜で突いたり、手づかみで獲りよった魚よ。ところであんたらは、この魚を触ったことがあるかね。不思議なもんでのう、陸の上で触ったらぬめりでヌルヌルじゃけんど、水の中では握っても絶対に滑らんがよね。

ビロードというか目の細かいヤスリのような肌というか、ざらっとしちょって、ちっともヌルヌルせん。この魚だけは、おったら素手で簡単に押さえれる。けんど、空気に触れたらじきにぬめってきよる。水中でまず逃がすことはないけんど、水から上げた後に逃がすことがある。

この性質はカマキリだけで、姿のよう似たドンコにはない。あれらあは陸の上でも水中でもヌルヌルじゃ。

わしも子供のときは、カガミ（箱眼鏡）で石の間を見てよう獲ったもんじゃ。カマキリは、ドンコよりも

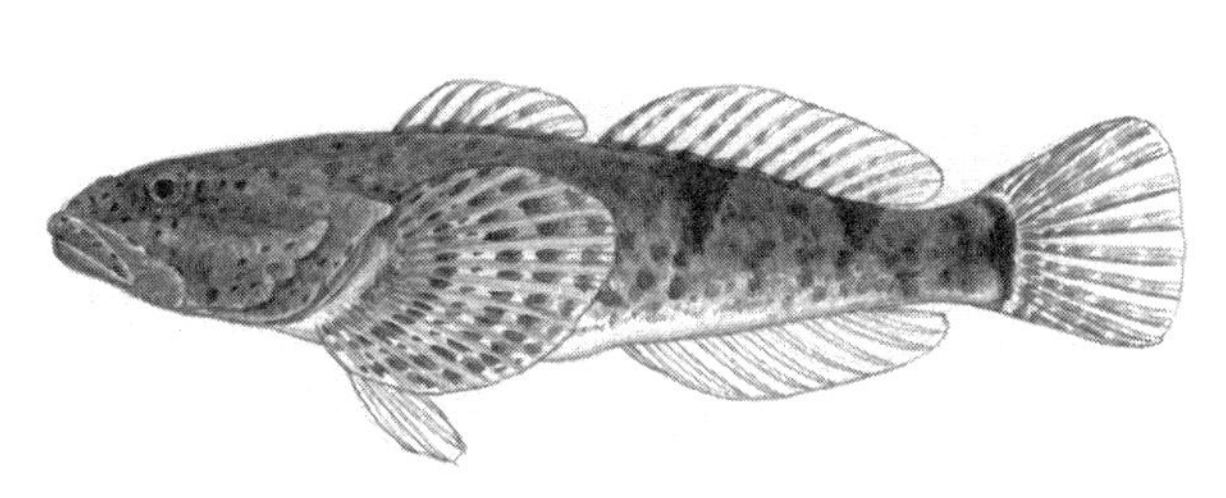

アユカケ。カジカ科。最大20㎝になるカジカの仲間。仁淀川ではカマキリと呼ばれる。エラ蓋の後ろに４本の鋭いトゲがある。水の中では全身迷彩色。水生昆虫や小魚を食べる

流れの速いところにおるわねえ。
カマキリを手で押さえるときに気をつけねばならんのは、エラ蓋の縁にある大きなトゲよ。鎌みたいに鋭いけ、ここにうっかり指をかけたらケガをするぞね。カマキリという名前は高知の方言で、ほんとうはアユカケというそうじゃけんど、どっちもこのトゲが語源じゃあないろうかね。

アユカケは、その鋭いカギ状のトゲでアユを引っ掛けて食べるところからそう呼ばれる、という。専門家の中には、これはあくまで俗説で、実際のアユカケはトゲを武器に獲物をとることはないという人もいる。しかし弥太さんは、この魚がエラのトゲを大きく張って俊敏に反転、近づいてきたアユを捕食するシーンを実際に見たことがあるという。

エラを開いて、こう、鎌の先の掛かりしなにキリキリッと器用に体を巻くがよ。わしのほかにも、エラの鎌で魚を引っ掛けて捕るところを見た者は何人もおるぞね。
カマキリは食べてうまい魚じゃわね。塩焼きやら、焼いて醤油をつけてずいぶん食うた。から揚げもうまいらしいのう。6~7年前、大阪の料亭では、これひとつが1万円した、という話を聞いたことがある。金沢でゴリ料理というがも、高知あたりでゴリと呼びゆうもんではなしに、ほんとうはこのカマキリじゃちゅう話よ。

## ●ボウズウオ

ボウズウオという魚もおる。正式な名前はボウズハゼで、ハゼの仲間よね。そうねえ、顔が坊(ぼん)さんの頭のように大きい。ほんでボウズというがじゃないかね。瀬の大きな岩らあによう張り付いちゅう魚じゃ。あれもカマキリ同様、海から上流にくる魚よ。口と吸盤が発達しちゅうけ、たいがいの勾配のところは吸い付いてあがりよる。小さい滝ばあは楽にのぼりよる魚ぜ。

ボウズウオはアユと同しで石の上のサイ(水垢(こけ))を食(は)む。ここら付近では昔から獲らん。獲らんということは食べんということじゃわね。子供が遊びで押さえてみることはあるが、その程度の雑魚じゃ。

けんど、これも支流の桐見(きりみ)川あたりの人は昔から網で獲りよった。ほかの川でも食うところがあるら

ボウズハゼ。ハゼ科。全長12cm前後。関東地方以西の太平洋、琉球列島に分布。稚魚は海に下り、春に成長しながら川を遡上。口と吸盤を使い、切り立った岩も登る。エサは藻類

しい。昔、親父が用事で安芸に行ったとき、ごちそうになったがやと。それで帰ってきてこういうたがね。

「おい弥太郎、ボウズウオは食える魚ぞ。甘辛う炊いちゃあったが、なかなかの味じゃった。桐見の人らあが獲って食う理由がわかった」

越知の者は漁の技術に関してはなかなかうるさいけんど、食べることに関してはまっこと臆病というか、好奇心というものがないけ。わしもそれを聞いてはじめて、ボウズウオという魚を獲ってみたいという気持ちになった。

実際やってみたら、これが鈍くさい魚じゃった。刺し網を入れちょったら、自分で移動してきて勝手に掛からあよ。追い込む必要も何もない。ただ待ちよったら獲れる。あれは支流の柳瀬川に行ったときじゃった。ちょっとした沈礁を覗いたら、ボウズウオが50も60もひっついちゅう。少し上に刺し網を入れてしばらく待ちよったら、ごっそりと掛かった。大漁よ。

ところが、もげなあよ、この魚だけは。網からなかなかはずれんが。手から滑るせいもあるけんど、体がぐにゃぐにゃしちょって網へもちゃくれる（複雑に絡む）。それで往生してから獲るのはやめてしもうたが、たしかに味はえい。ボウズウオも最近かなり減った魚のひとつで、川の状態を示す生きたバロメーターじゃ。

## ●ギギとアカザ

ギギとはググウという。ようアユの火振りの網に掛かって、岸に上げて握ったらググウと鳴きよるけ。名前もググウじゃ（笑）。これは背ビレと胸ビレの先が鋭いトゲになっちょって、それで網に掛かりやすい。はずすときも刺されやすいけ注意せんといかん。

去年、うちの息子がぶっすり指を刺されてのう。あんまり深う刺さったもんじゃきペンチで取ろうと思うたら、中で折れて抜けんようになった。病院で切ってもろうて、何針か縫うて包帯巻いて帰ってきたがね。

ググウによう似いた魚に、アカザいう魚がおる。これは図鑑の名前で、ここらあでは昔からオコゼと呼びよる。これもトゲがあって、ググウよりもっと鋭うて刺さりやすい。これに刺されたら、泣くほど痛いぜ。よう見たら先は槍みたいにぎざぎざよ。あの痛さを知っちゅう者は、ハチかオコゼかというぐらいで、そりゃあひどいもんじゃ。

海のオコゼにも痛い毒のトゲがあるろう。それでアカザのことをオコゼというがじゃないかと、わしは思うがね。

ただ、越知町あたりの本流近くでは、昔からたんまにしか見ん魚よねえ、これは。わしが子供のとき手づかみで魚を捕りよったら、穴の奥でチクリと何かに刺された。慌てて指を見たら血が吹きゆう。

痛うてベソをかきもって家にいんだら（帰ったら）、親父が「弥太郎、それはオコゼの仕業じゃ。この魚にだけは気をつけんといかん」と教えてくれた。実物を見たがはそれから間なしじゃったが、そうそう、いつもおる魚ではなかったように思う。

たまに獲れるこの魚を家の前に活かしちょいたら面白いぞね。子供らが学校帰りに覗いて行くわね。見たことがないき「おんちゃん、この魚、何よ」と必ず聞いてくる。「そらオコゼという魚じゃ。ええか、これだけは絶対さわられんぜよ」とだけいうちょくがよ。

大人のいうことを聞かん子は昔からどこにでもおって、そんな子ほど、してはいかんというと、よけいにしたがるものじゃ。オコゼも、結局、刺されて泣くのはそういう子供じゃ。

わしはその子にいうちゃるがよ。「ほんじゃき、おんちゃんがちゃあんというたじゃろう、この魚は絶対さわられんて」と。この方法で、わしはこのへんの悪ガキをみな懲らしめちゃった。オコゼという魚は、生きた教材としてはなかなかのもんぜ（笑）。

水温の加減じゃと思うが、オコゼは支流の桐見川の奥へ行たら数が多うなるのう。わしは60年以上も仁淀川に住みよって、ついこの間、はじめて知ったが、桐見の奥ではこのオコゼを食べる習慣があって、そのための専門の釣りがあるそうじゃ。

ズズクリ（ウナギをハリなしで釣り上げる数珠子釣りのこと）みたいな仕掛けでミミズを草の根に結んじょいて、いながらにして釣るらしい。わしも興味があるき、今度、一緒

ギギ。仁淀川ではググウと呼ぶ。30cmほどに成長。中部以西の本州、四国の吉野川、仁淀川、九州の阿賀野川に不連続的に分布する

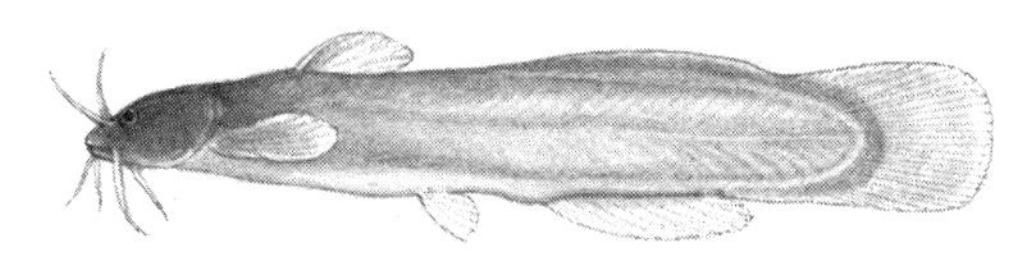

アカザ。仁淀川ではオコゼの名で恐れられる。全長10cm。宮城、秋田以南の本州、四国、九州に分布

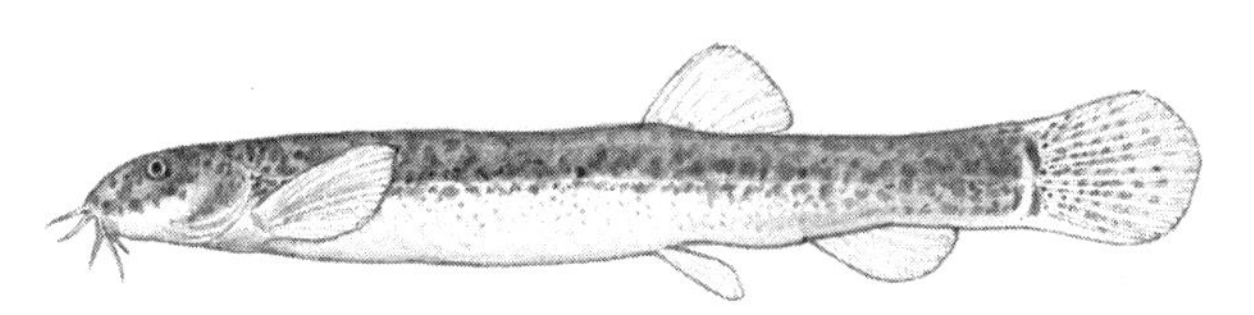

ドジョウ。仁淀川でも呼び名はドジョウ。全国に分布、水田を産卵場に利用する。圃場整備事業などにより減りつつある

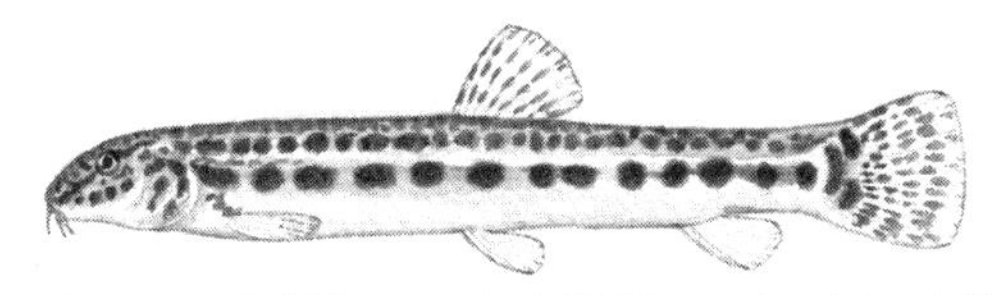

シマドジョウ。仁淀川ではハビスと呼ばれる。水のきれいな砂礫底を好む。出水時に細流などに集まって産卵。体側の斑紋が特徴

に行ってみようかよ。

## ●ドジョウ

ここらでは、ドジョウが2種類おる。普通の泥地におるのはドジョウで、砂地におるシマドジョウのことをハビスと呼びよった。ハビスは普段は川の砂地のところにおるが、産卵の時期は普通のドジョウやフナと同じで田へ上がる。田んぼの泥のところで卵を産んでまた主(おも)の川へすんぐ帰る。生まれたハビスの子は、普通のドジョウみたいに長いこと田には残らんで、マッチの軸ばあになったらもう川へ降りて行て、ひとつもおらなあよ。

このハビスは鈍くさいドジョウでのう、ナマズによう食われる。ナマズを捕まえてカゴに移すろう、そのとき何かの拍子にエサを吐き出すことがあるけんど、その中に多いのがハビスじゃったわね。それで昔はツケバリのエサにしたこともあった。ウナギもハビスが好きじゃわね。ゴリを獲るとき貝殻を引っ張ったら、これにもよう入りよったもんじゃがね。混じると選(よ)り分けるのが面倒じゃけ、そのままゴリと一緒に炊いて食うた。さほどうまいというほどでもないが、まずい魚ではないぜ。

そのハビスが、近ごろおらん。わしは田んぼの農薬の関係じゃありゃせんか思う。田へ上がったときに親がやられるか、それとも卵や稚魚がやられるがか。普通のドジョウと違うて、普段はきれいな水に泳ぎよって、卵を産むときだけ田へ入ってくる。薬への耐性というもんが、もともと弱いがかもしれん。

## ●カマツカ

カマツカは、わしらはアサガラとかスナモグリと呼びゆう。これは昔の仁淀川にはひとつもおらんかった魚で、戦後増えだいた。わしがはじめて見たがは中学を卒業してからじゃけ、昭和24〜25年じゃったと思う。ある日、支流の柳瀬川でアユの火振りをしよったら1匹獲れた。「今日はこんな珍しい魚を獲ったぞ」と見せて回ったら「俺も獲った」という者があった。そしたら2〜3年後にはバーッと増えたわね。いったい、なんという魚じゃろうと話をしよったら、この先の黒岩という在の者が「それはアサガラという魚じゃ」と教えてくれた。のちに図鑑を見たら、カマツカと書いてあって、正式な名を知ったわけよ。

この魚は砂地におる魚で、夜は淵に集まるがかしらんが、場所によっては火振りの網にいやというほど掛かる。皮と頭が硬いけ、これも漁にはけっこうジャマな魚じゃのう。味は悪うないと思うが、骨が硬いき、まずわしらは食わん。トンビのエサよ。

うちの妹らあは、なんや、この魚を去年あたりからウエハラと呼びよるぜ。あだ名よね。わしはようわからんが、顔が巨人軍におった上原投手に似いちゅうらしい（笑）。アサガ

投げ網に掛かったカマツカ。海のキスになぞらえ、川ギスとも呼ばれる

カマツカ。コイ科。仁淀川ではアサガラと呼ばれる。もともとは見かけなかった魚だが、今は非常に多い。コイ科の魚で、川底を掃除機で吸うようにエサをとる。火振(ひぶ)り漁でよく掛かる

ラは底を泳ぐ魚じゃき、刺し網もどちらかいうたら下のほうに掛かる。これの細(こん)まいやつ（稚魚）は、ゴリのガラ曳きのときも貝殻に追われて獲れるわね。

## ●ニゴイ

ニゴイがうんと増えだいて、そうよね、12～13年ばあになるろうか。昔は一匹もおらざった。あの魚もヨソから来た魚ぜ。

わしがはじめて見たがは30年前で、野老山(ところやま)のダムじゃった。20㎝ばあのこんまいニゴイでね、こらあなんじゃろう。アサガラに似いちゅうが、どうも違う。コイの子にしては、えらい痩せちょって顔も長いぜ。イダとも違う。それがニゴイという魚の見はじめで、それから10年以上すぎて、ダムの下で大きいがをちょくちょく見るようになったわね。

何でも食うてみるが好きな男がおったけ、いっぺんこの魚を食うてみいやとやったら、まもなく「弥太さん、あれはいかん」というた。「どうしたよ」と聞いたら、小骨がどもならんという。あれは夏じゃったわね。それから冬に近所のおばさんにやったら「身は硬いが甘辛うに炊いたらけっこう食べれる。味そのものは悪うない」というた。「けんど、骨がのう」という。ニゴイの骨は先が二股に分かれちゅう。Y字型の小骨よね。これだけがジャマじゃと。

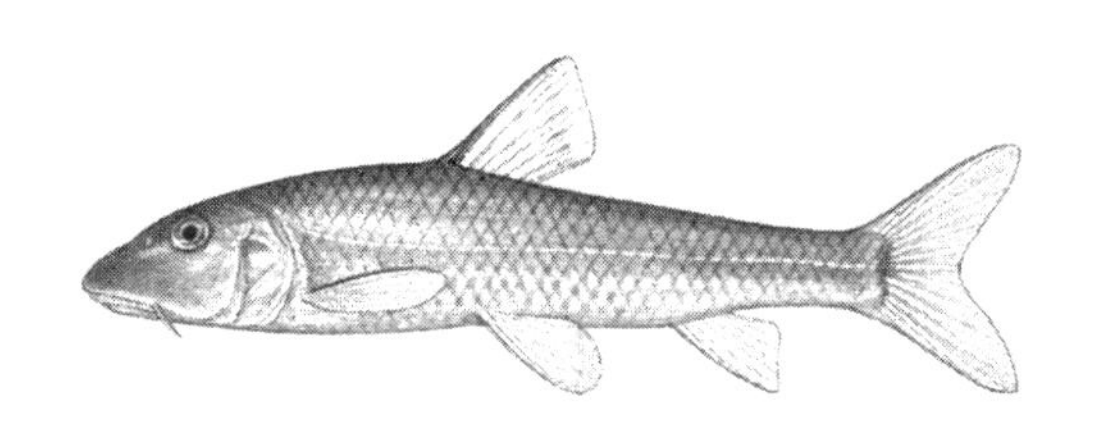

ニゴイ。コイ科。本州と四国のほぼ全域と九州北西部に分布。川の上・中流域から河口の汽水域まで生息。水の汚れに対してはかなり強い

近年増えているニゴイ。昔はいなかったという。アユ漁のじゃまになるということで、駆除の対象にもなっている

それやき食用としての人気はさっぱりよ。それどころか駆除の対象になっちゅうわ。アユの稚魚を食ういうてね。50〜60㎝にもなったらアユの網を破ってどもならん。もともとよそから来た魚じゃけ、漁協もボラを獲るような刺し網を入れて退治しゆうけんど、なかなか思うたようには減らんようじゃ。

## ●ハス・アブラハヤ・タナゴ

ハスという魚も本流でたまに獲れる。ようけじゃないが、年にふたつか3つは見るのう。ちっとでも獲れるということは、どっかで産卵をしゆうがじゃろう。そうかね、これも琵琶湖のほうから来た魚かね。ああ、向こうではやっぱり食いゆうかね。わしは焼いて食うてみたけんど、味はまずまずよい魚じゃ。

(図鑑を見ながら)このアブラハヤと書いちゅう魚をね、ここらではモツゴというわね。これは昔からおる魚で、飯粒をつけたらなんぼでも釣れた。山のほうの人らあは、これも食いよったわね。それで、この図鑑にモツゴと書いちゅう魚のことは、ここらではアビンコといいよった。アビンコはわりかた少ない。珍しい魚よね。淀みというか、池のようなところを好む魚で、このへんじゃ珍しいもんじゃけ、子供のころは網を持ってよう獲りに行ったもんよ。

ムギツクも最近増えた魚よ。元はおらんかった魚じゃないかと思う。4〜5年ばあ前は珍しい魚じゃったが、このところ急に増えだいた。火振りをやると網によう掛かる。

このタナゴという種類の魚は、詳しゅうは知らんが、少のうとも2種類はおると思う。口にヒゲの生えたヤリタナゴというやつと、平ぺったい色のきれいなタイリクバラタナゴというやつかね。淵に行くとフナやハヤ（オイカワ）らあと一緒に泳ぎゆうねえ。

ハス＝オイカワに似るが大型になり食性も肉食。アブラハヤ＝類似した種にタカハヤがいる。ヤリタナゴは在来種、タイリクバラタナゴは中国原産の外来種。フナ・コイの放流とともに全国に広まった

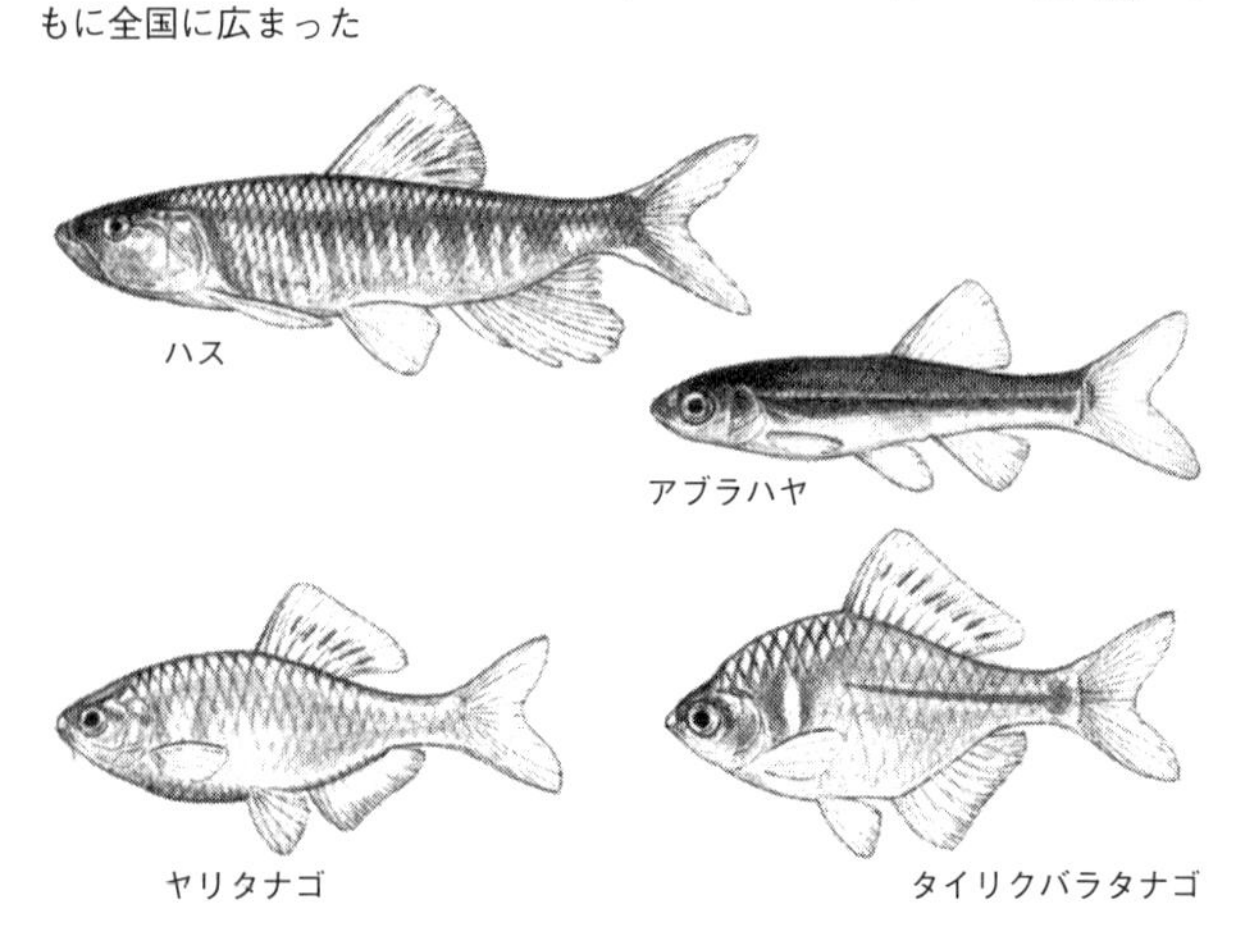

支流の柳瀬川にナマズを獲りに行たら、よう見るわね。このタナゴの類も子供のころはわしは見た記憶がない。アユと一緒に来たか、ヘラブナと入ったがかは知らんけんど、よそから移動させられてきた魚と違うかね。

アユの放流は、仁淀川に漁業協同組合ができたがが昭和21年ごろじゃったけ、その時分に始まったがじゃないかね。組合ができて間なしに種苗放流が始まって、わしらあはそのアユを琵琶湖、琵琶湖と呼びよった。それからよ、今まで見たことのない魚が出てきたがは。

## ●フナ

田植えの最中から終わりにかけ、まとまった雨が降るわねえ。そんなときにわしがするがはフナ獲りよ。普段の川漁と違うて、道具も技もいらん。畦（あぜ）を歩くだけでえいがよ。その時期のフナは、水しぶきを上げもって主（おも）の川から溝を伝うて、どんどんと田の中に突っかけてくる。タモ（網）ひとつあったら、それこそ拾うばあ獲れる。いや面白い。子供のころからやりゆうけんど、この歳になってもやめれん（笑）。

昭和40年前後、除草剤をごっちり使いよったときはよう死んじゅうがも見たが、薬も昔ほどはえろうないがじゃろう、腹を返したフナを見るようなことはのうなった。それでも、のぼる数は農薬のなかった時代に比べたらば、うんと少ないわ。今も1回水が出りゃあタライ1杯ばあ獲るがはわけないけんど、昔はそれこそ踏んで歩くばあおったぜよ。

フナは丈夫な魚ではあるが、やっぱり薬は嫌いよる。産卵にのぼる時期と、殺菌剤か除草剤かは知らんが、ああいう薬を撒く時期がぶつかったら、その田へはあまり入らんわのう。

昔ほどのぼらんがは、川や用水をコンクリにしたせいもあるろう。それでもあれらあはたくましい魚よ。雨が降って用水と川の出合いが荒瀬みたいな流れになったち、アユのように飛び上がっていくけ。アユほど器用じゃあないけんど、その姿はまあ、けなげなもんじゃ。用水と田んぼの間にも滝のような段差があるが、苦労しながら最後はドボンと飛び越えて行きよる。

田んぼにたどり着けるか着けんかは、水次第よね。適当な水量があったら、昼夜を問わんつのぼれる。けんど途中で水が減ってしもうたら、取り残されて

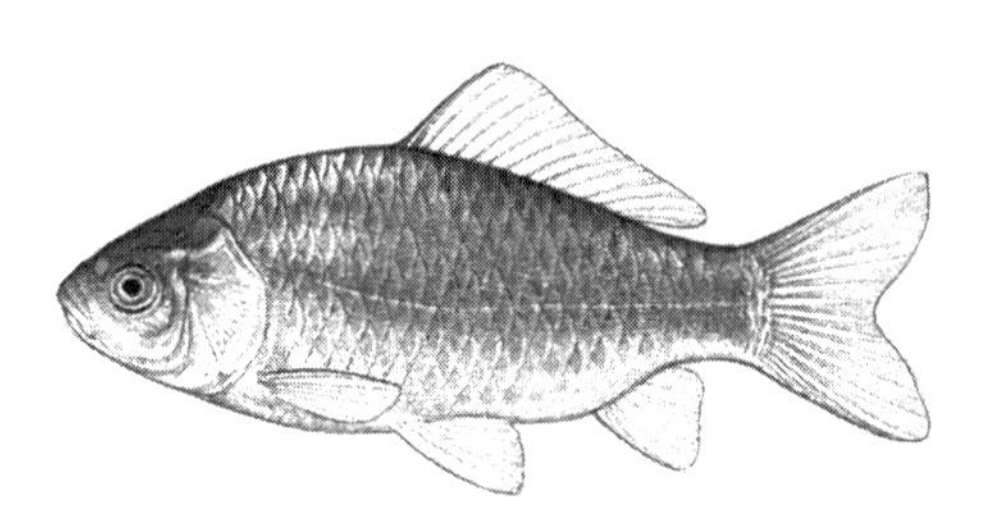

フナ（ギンブナ）。日本全域で見られる。川の上〜中流域では淵など緩やかな場所に棲む。雄はほとんどおらず、クローンのようにメスだけで繁殖できる

天敵に見つかってしまう。カラスやゴイ（ゴイサギ）、シラサギ、それからイタチにネコ。わし以外にも、狙いゆう者はうんとおるわ（笑）。

ここらあでは、フナ、コイは昔からわりかた食わんけんど、この春のフナだけは別で、なかなか人気がある。

粟子（あわこ）を食うがよ。粟子いうたら卵のことじゃ。ほれ、粒がこもうて色も黄色いけ、小鳥のエサの粟のようじゃお。口の中でほどようにほぐれて、味もえい。

知らんつ食うたら誰もフナの卵とは思わんぜ。うちの孫らあも、ふだんはあまり魚、魚といわんけんど、この春のフナだけは喜んで食いゆう。また粟子食べたいいうてね。

料理は、まずフナを素焼きするわね。いや、鱗（うろこ）も取らん、はらわたも抜かん。そのまま七輪の上で狐色に焼く。それから砂糖と醤油で甘辛うに炊く。時間をかけて骨までとろとろ炊けたら出来あがりじゃ。

いやあ、臭いことらあないぜ、仁淀のフナは。泳ぎゆうところはアユやウナギと同じ場所じゃきね。池や沼あたりのフナとは、飲みゆう水も、おそらく食べゆうエサも違う。川臭い泥臭いということは、ひとっつもないわ。丸ごと炊いたフナの腹の中は、ほとんどが粟子よ。身や骨から出たダシと醤油のしみこんだこの粟子を食べたら、ほかの魚の粟子は食えんようになる。

仁淀の魚で何がいちばん味がえいかねと聞かれたら、わしはフナの粟子と答える。そればあ春のフナの卵は、うまいもんぜよ。

## ●メダカ

メダカは、最近、絶滅が心配される魚ということになったけんど、ここらあ（越知）では、もともとさほど見ん魚よね。昔はここからちょっと下ったところに、こんまい溜め池があって、そこにつながる谷の溝におったことは覚えちゅう。昭和30年代じゃったが、そのころから数は多うなかった。

高岡町のへんまで下がったら確実におる。昭和50年ごろ、うちの子供があのへんで遊びよって、メダカの中に赤いメダカがおるというので捕りに行ったことがある。今もペットショップに行たら赤いメダカを売りゆうが、あれの自然にできたもんが、ポツリポツリとおった。まだおるじゃろうかとたまに覗いてみるけんど、今は黒いメダカばっかりじゃ。

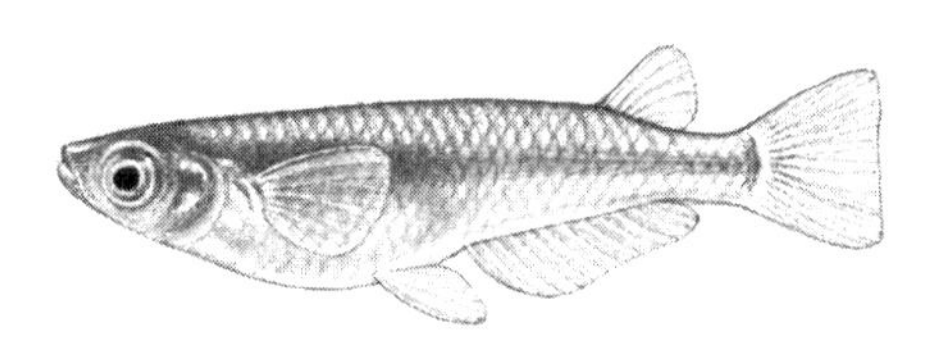

メダカ。本州以南に分布する日本最小の純淡水魚。水田や用水路など浅く流れの緩やかな場所を好むが、近年さまざまな理由で減少著しく、その保護が叫ばれている

## ●外来魚

ブラックバスは仁淀川でも最近増えちゅう。誰かがダムに入れよったもんが増えて、放水のときに川へ落ちてきよる。大きなもんは45㎝ばああって、火振りの網に掛かったときらあ、知らん者はスズキじゃ思うわね。

あのルアーというがは妙な釣りよのう。せっかく釣ったもんを食わんとなぜまた放すかや。オモチャにするだけじゃったら犬でも子供でも竿の先につけて走らしよったらえい。それもえい大人がダムにボートを浮かべて大まじめに競争しゆう。変なもんが流行りだしたもんよのう。

主（おも）の川でライギョを見だしたがは、わりかた近年よ。下のほうの支流では見たけんど、仁淀川の本流で見るようになって、さほどはたって

ブラックバス（上）とヘラブナ。アユの火振り漁の網に掛かった。上流のダムから放水の際に落ちてきたものだ。どちらも移入種で、釣りのために放流された

ライギョ。正式名称はカムルチー。成魚は１ｍ以上に達する。大正時代に朝鮮半島から持ち込まれた肉食の外来魚。観賞用だったらしい。一時、爆発的に増えたが、近年は全国的に減少傾向にあるといわれる

おらん。その支流から入ってきたがが、近年増えゆうがじゃないろうか。これはツケバリ（延縄［はえなわ］）をしちょいたら簡単に掛かる。

## ●ボラ

ボラを嫌いゆう人もおるけんど、ここらあでは冬のボラは人気がある魚よ。獲るのは河口じゃわね。だいたいアオノリを採るような場所に、いつも群れになってうろうろしゆう。

獲り方は刺し網よ。アユの網よりかうんと糸の太い、目の粗い大物用を使う。場所は目見当。長年の経験で今時分の潮じゃったら、あこに着いちゅうというようなことがわかる。あれらは潮の干満に乗って、海に出たり川に入ったりしゆうきね。

たいてい表層を泳ぐけ、群れが行く方向に船でそおっと先回りして網を下ろしちょいて、群れを巻き込むようにず

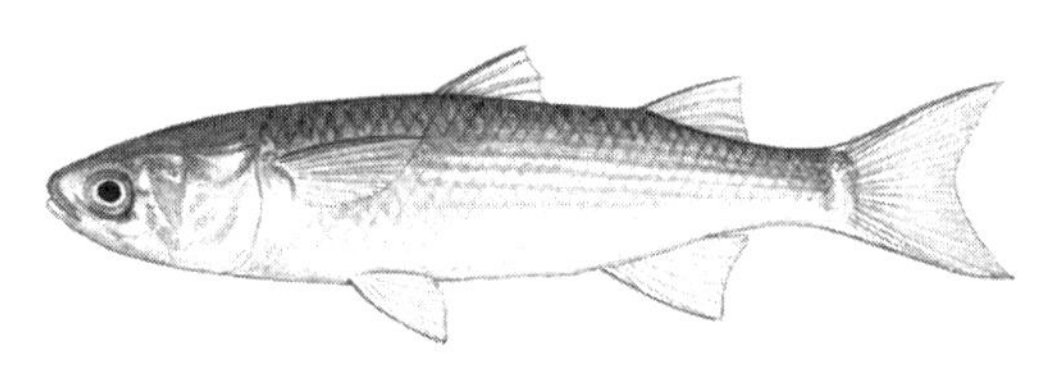

ボラ。成魚は内湾や沿岸域に棲み、幼魚のうちは河口〜河川まで入り込む。肉は美味（特に冬期）だが、汚染の影響を受けやすく、場所によっては臭みがある

うっと張っていって、全速力で追い込みに入る。棹で水面を叩いて、怖じたボラが刺し網に刺さるようにしたら、どっさり獲れる。ただし、目のよい魚じゃきね、ちょいとでも隙を作ったらそこからみな逃げてしまうぜよ。

上手に食べるコツは血抜きじゃろう。このへんの普通の人は血抜きはしやせなあ（しない）。獲ってそのままという人が多いわね。けんど、魚は血抜きをしたほうがうまい。うちの嫁の親父は、なかなか上手にこの血抜きをしよるぜ。この間も来て70匹ばあ獲ったが、そのときは網にかかったボラを全部血抜きしてくれた。活かしちょく。尻尾のところにカッターを入れてほいたら、匂いがひとつものうてね、味がよい。徐々に失血させるわけよね。

高知市内では沖ボラいうて、川のボラより

冬の河口で行なわれるボラ漁。仕事ではなく、好きな人たちが楽しみとしてやる。獲ったボラはその日に食べても身がしっかりしてうまいが、ひと晩冷蔵庫で寝かすと柔らかくなり、味に深みが出る

海で獲ったボラのほうが人気があるけんど、ここらのボラは泥臭さが全然ない。仁淀川というところは、いきなり中流が海に入るような川じゃけ、だいたい泥というものが少ないわ。ましてここらのボラはアオノリを食うちゅうボラじゃ。そらあ味はえいわねえ。ニンニクをたっぷりすって、醬油がドロドロになるばあ溶いてつけた刺身らあは、まっことうまい。うちでは孫らもみな喜んで食べる。

## ●カメとスッポン

イシガメは、まだわりかたおるほうじゃないかね。前に高知市の日曜市をのぞいたら、これを売る者がおった。値を聞いたら1匹300円という。「わしとこならなんぼでもおる」というたら、「持ってくれば買うちゃる」というた。わしが「20や30は捕れるぜ」と答えたら、「カメがそれほど捕れるかよ」と鼻で笑うた。

ほんでわしはすぐに捕りに行ったがよ。支流にカメの休む大きな石があって、小さいもんから人の顔ばあもあるようなカメまで、いっつも重なるように日向ぼっこしゆう。お寺の池のカメじゃあないけ、警戒心はいよいよ強いぜ。天敵がきたら、しゃっと石を飛び降りて水へ入るがよ。

川からまともに行たちまず捕れなあね、1匹も。そこで考えたがは、後ろの藪から行く方法よ。というても、草を踏んでガサガサと音を立てたら飛び込むろう。

夕方遅う、あれらあが石におらんようになったがを見はかろうて、鎌で草を刈っちょいて、翌日、長い棒の先に網をつけて、腰を落として静かあに近づいたがよ。気づいてガラガラっと逃げても、3つ4つは網に入る。20分ばあ静かにしちょったら、またごそごそと戻ってきよる。これをまた掬う。30匹ばあ捕って袋に入れて「約束どおりに捕ってきたぜよ」と持って行ったら「こんなに捕ってきたがか」と呆れちょったけんど、全部で5000円で買うてくれた。

よそよりは多いというても、昔よりかは減ったのう。原因のひとつはツガニの地獄籠よ。折りたたみ式のプラスチックの黒いカニ籠が普及しだしてからじゃわ、イシガメが減ったがは。出はじめのころは、ひと籠に7つも8つも入って窒息死しちゅうことがあった。夕方入れて、朝上げに行けたらわりかた平気じゃけんど、仕掛けた者が横着して何日も上げに行かんかったり、籠をかけた場所を忘れてしもうたら、こういうことが起きる。

イシガメ。ヌマガメ科。本州、四国、九州の池や清流に棲む。小ガメは銭ガメの名でおなじみ。仁淀川ではクサガメよりイシガメが多いそうだ

スッポンは近年増えた。昔はさほど見ざったと思うけんど、養殖場から逃げ出したもんが野生化しちゅうようじゃわね。ツケバリで年に3つ4つは獲れゆう。船で近寄ったら、ぽかんと浮いちょった丸いもんが慌てて動くけ、スッポンじゃとわかる。

大きなもんは甲羅が洗面器ばあある。ハリひとつで2匹釣ったこともあるぜ。ハリにかかったメスに、オスがつごうちょった（交尾していた）。夫婦スッポンよ。縁起がえいというかなんというか、長いこと漁をしよったら、そんなこともあるわね。

スッポン。スッポン科。砂泥地を好み、魚食性が強い。仁淀川で見られるのは養殖ものが野生化したものらしく、増えてきたのもここ数年のこと

第12漁

# オコゼ釣り

アカザ（ギギ科アカザ属）。体長15cm程度。
宮城・秋田以南の本州、四国、九州に分布。
比較的水のきれいな川の上・中流域に棲む。

## ミミズの匂い袋で寄せて、ハリなしのズズクリ方式で夜に釣る

アカザのことを、ここらではオコゼと呼ぶことは前に話をしたろう。ドジョウばあの大きさで、背ビレと胸ビレのところに鋭いハリを持っちゅう。刺されたら、大人でも泣きとうになるばあ痛いがね。このオコゼを支流の桐見川のほうの人らあは専門に獲って、よう食いよったという話をわしが聞いたがは、10年ばあ前のことじゃった。

漁協の役をしゆうときで、仁淀川に棲む魚を祭りに展示したいけ、できるだけ集めてくれと頼まれて、その手配に歩いたときはじめて聞いた。

どうやって獲るがかと聞いたら、ズズクリ方式じゃという。ズズクリというがは、ハリなしでウナギを釣る方法よね。ミミズに糸を通して数珠のようにしちょいて、ウナギが食らいついたらそのまま引っ張りあげる釣りよ。

このやり方はウナギがハリで傷つかんし、口をあけたら自分からはずれるけ、手間がいらいで釣りとしてはなかなか効率がえい。けんど、オコゼみたいなこんまい魚でも同じやり方をするというがは初耳じゃった。

わしの住みゆう越知町のへんは昔からオコゼそのものが少ないけ、誰も知らん。ほう、世間には面白い釣りがあるものよと、頭の隅にずっとしもうとったがやけんど、あんたら

が仁淀川のことを聞きに来るようになって、ふとそのことを思い出した。
今でもできるようじゃったら面白かろうし、わしもいっぺんオコゼの釣りというものを見てみたい。ほんで向こうへ電話をしてみたら、今時分（夏）の夜が時期じゃというがよ。今日は息子が留守でアユの焼き取り（火振り漁）もできんけ、これから車でちょっと走って、その名人の家に遊びに行ってみようかねえ。

桐見川は越知町の西南部から仁淀川に合流する小さな支流だ。つづら折りの狭い道を車で登ると、ところどころに家があり、いずれも山を背にして谷に張り付くように建っている。片岡健吉さんの家も、玄関を出て20歩も歩くと目の前はもうカジカの鳴く谷だ。オコゼのズズクリことハリなしフィッシングは、この支流沿いの集落に昔から伝わる遊びであり、手軽なおかずとりだったという。

宮崎　今日は東京の人らあもぜひ見たいというけ来てみたけんど、オコゼはどうかね、いけるかね。
片岡　最近はあんまりやらんけんどね、自分らあがちょっと前にやりよったときは、100ばあは釣れよった。今もやったら10や20はわけないろう。
宮崎　わしのほうではオコゼという魚は昔から少ないけんど、これはやっぱり水温の加減じゃろうか。

片岡　本流と支流では水温も違うきね。ここらの谷水に比べたら、あんたらのほうの本流の水は、ぬるま湯のようなもんよ。こっちに多いということは、オコゼはやっぱり冷たい水を好むということじゃないかね。

宮崎　オコゼというたら、わしは子供のころに一度刺されたけんど、あの痛さは60歳をすぎた今も忘れんぜ。

片岡　痛い、痛い。ちょんと突いただけで、じわっと血が出るきね。オコゼとはよういうたもんじゃ。

宮崎　あの痛さばっかりは口でいうても説明できんきのう。東京の人らあも、取材をする以上はいっぺん刺されてみにゃいかん（笑）。

片岡　そうじゃ、経験をしたらえい記事が書けるぜよ（笑）。

宮崎　オコゼは暗いところを好むけ、昔はウナギを獲る竹のモジ（筒＝ウケ）によう入ったろう。

片岡　入った、入った。よう獲れたときは、5つの筒に全部で150もオコゼが入っちょったことがあった。

宮崎　ほう、そんなに入ったかね。ほんなら最近はどうかよ。

片岡　3年ばあ前に工事でセメントを入れてから、かなり減ったのう。

アカザの釣り方。岸寄りの緩い瀬肩から、ミミズの入った布袋を揉んで匂いを流してアカザを寄せ、ハリのない仕掛けで釣る

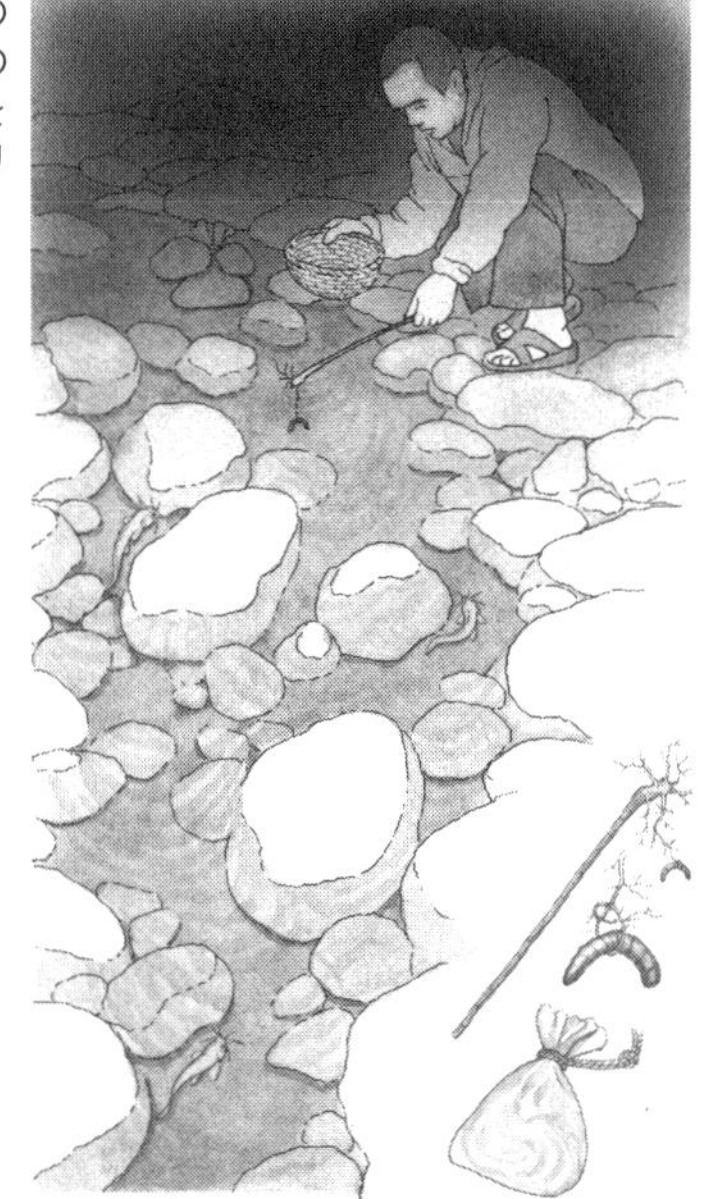

釣るときの明かりはロウソク1本程度。ぼんやり照らされた水中に赤いものがヒョロヒョロと泳ぐのが見えたら、それがアカザ

今は割り箸に10㎝ほど木綿糸を結ぶが、昔はヨモギの茎と根を使った。エサはドバミミズ。3㎝ほどに切って真ん中を糸で結ぶ

宮崎　そのときかね、わしも下でたくさん死んじょったがを見た。オコゼはとくに汚れに敏感な魚よね。まさに水質のバロメーターじゃ。

片岡　けんど、もともと多かったせいか、最近はまた増えてきちゅう感じよのう。今日も、まったく釣れんということはないはずよ。

宮崎　仕掛けはどんながかね。

片岡　わしの子供のころは草を引いてやりよった。ヨモギを抜いて、長い髭根を1本残して、そこに山のドバミミズを小そうに切ってくる。細い草の穂に川虫を刺してもやった。今は、割り箸に木綿糸を結わえて、その先にエサをつけるけんど、まあ、釣りの支度というほどのものやあない。子供の遊びそのままじゃわね。

宮崎　この袋は何ぜ。

片岡　それはミミズ入れじゃ。浴衣(ゆかた)の端切れを袋にして中にドバミミズを入れちゃある。これを仕掛けの上で揉んだら、下から匂いにつられて、じっきにオコゼが寄ってきて、垂らしちゃあるエサに食いついてきよるけ、さっと上げてザルに落とし込む。

宮崎　匂い袋で寄せるがかね。まっこと変わった釣りよのう。で、釣りは夜がえいがかね。

片岡　昼は石の穴にじっとしゆうきね。けんど、石をそっとはぐってエサを垂らしたら食いついてきよる。よう釣れるのがやっぱし夜じゃのう。夜はエサを探しに歩くけ、流れに匂いを乗せたら足下まで呼ぶことができる。この寄せ方が、オコゼ釣りのいちばんの面白さよ。

まあ釣りというか、ここらの者にとっては納涼じゃのう。夕方帰ってきたら、おい、オコゼ釣りに行こうかよと誘いおうて、ロウソクに火を灯して川へ降りる。獲ったオコゼはおかずになるけ、子供も大人もみんなあやりよったもんじゃ。

宮崎　今の子らはやるかよ。

片岡　やらん。というより、ここらにはもう子供らがおらんもの。若い者で50代。40代の者がおらんじゃき、子供もおらんわ。

## 半世紀も仁淀川で魚を獲ってきて、まだはじめて見るものがある

レクチャーもそこそこに、さっそく夜の谷川に降りてオコゼ釣りに挑戦する。片岡さんによれば、ポイントは岸寄りの瀬肩。流速は速すぎず遅すぎず。末広がりにミミズの匂いが拡散して、下にはえぐれ（隠れ家）を持った大きな石がゴロゴロあると理想的だという。

右手に割り箸の釣竿、左手にミミズの入った匂い袋を持ってしゃがみこみ、水中で袋をぎゅっと揉む。ロウソクの明かりに、ミミズのエキスが白い煙幕のように流れていくのが見える。何度か揉んだら袋に石を載せ、沈めておく。この匂いが下流に届くと、石

の下に隠れていたアカザたちが浮き足立ち、続々と匂いのラインをたどってのぼってくるのだという。

宮崎　おう、きよった、きよった。その石の際で動いた赤い魚はオコゼじゃろう。ミミズの匂いというがはたいしたもんじゃわね、寄ってくるまで5分とたっちょらん。

片岡　何匹も続けて来ゆうでね。ほれ、その明かりの陰のところにも来ちゅう。オコゼはゴツゴツッと食いついてくるきね。食い込んだと思うたら、さっと上げたらえいわ。

宮崎　よし、エサのところまで来たぜ。食うた。ああ、これはいかん、放しよったが。

片岡　そういうときは仕掛けを上げんと待っちょったら、また食いついてくる。いっぺんしっかり食いついたら、そう簡単にははずしやせんけ。

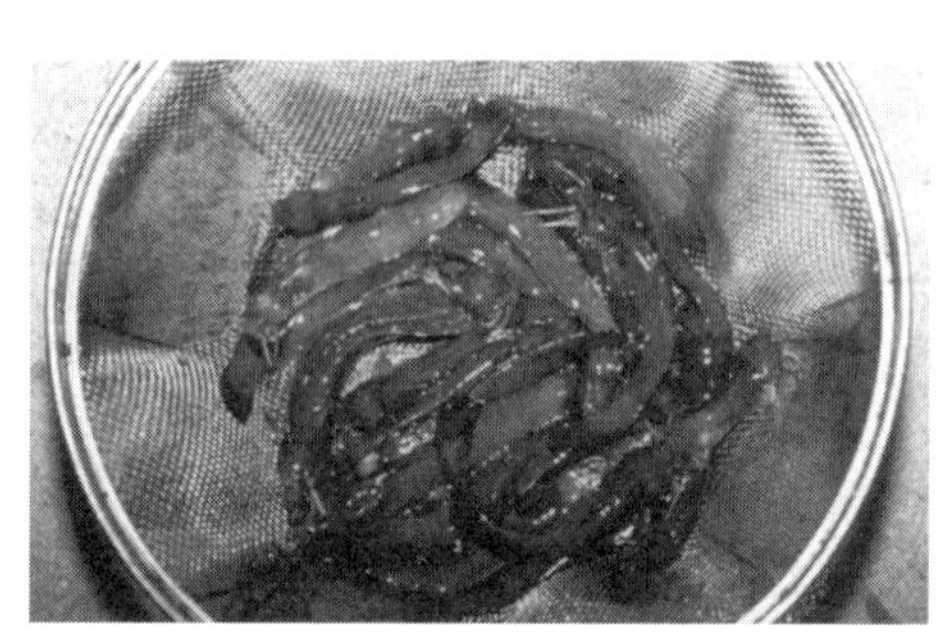

1時間ほど遊んだだけなのに、4人でこんなに釣れた。釣りというよりは、まさに魚遊びという感覚。仁淀川の貴重な文化だ

宮崎　また来よった。今度はしっかり食うたぜ。

割り箸の竿をあげると、赤茶色のヌメヌメとした魚が躍り上がる。そのまま左手に持ったザルの上まで移動させると、自分から口をあいてぽとりと落ち、底で身をくねらせた。釣り上げられてからエサを放すまで、カメラのシャッターを2回押すぐらいの間がある。そんなとぼけたアカザの習性が、桐見川ではいつのころからか遊びのソフトとして取り入れられ、伝えられてきた。ぜひ後世に残してほしい地域文化である。

釣ったアカザは、片岡さんの奥さんが煮付けにしてくれた。味付けは砂糖と醬油。甘辛く炊きあげたアカザは、アナゴのように照り輝いている。口に入れれば淡雪のように柔らかで、とくにお腹側の脂ののったところは、アナゴのメソっ子（細もの）になんとなく似ている。美味だ。

オコゼ釣りの基本と秘訣を指導してくれた片岡健吉さんと、釣ったオコゼを地元伝統の煮付けにしてふるまってくれた奥さん

アナゴにも似た質感と味のオコゼ（アカザ）の煮付け。食べると、桐見川の人たちがなぜこの小さな魚にこだわってきたかがわかる

片岡　わしらはね、オコゼを食べるときには昔から箸を使わんのよ。胸ビレのトゲのところを親指と中指で押さえて、尻尾から胴まで口へ入れてヒュッと吸うたら、骨を残して身がきれいに抜けるき。身を食べたら、今度はひっくり返して頭のまわりについちゅう身を食べる。
宮崎　つまんだときに刺されんかね。
片岡　いや、火を通してしもうたら、あのトゲは不思議なもんで、ちょっとつまんだぐらいじゃあ刺さらん。生きとるときはちょっと触っただけでもチクリと刺すけんど。
宮崎　いやあ、それにしても、こりゃあなかなかうまいもんじゃ。
片岡　自分が好きじゃからうまいというわけではないけんど、オコゼを食べさしてまずいというた人はおらん。
奥さん　前に、近くに工事に来た人に煮いてあげたら、喜んで食べてました。うちの子供らあも、小さいときには毎日のようにオコゼを釣りにいって、おかずにしていましたわ。
宮崎　わしは、もう50年ばあ仁淀川で魚を獲ってきて、たいがいのことは知っちゅうつもりじゃったが、この歳になっても、まだ川からはじめて教えられることがある。まっこと、自然というのは奥が深いもんよね。
　いや、今日はたいへんええ経験をさしていただきました。

# 話の最後に

宮崎弥太郎

ものごころついたときから今まで、一生のほとんどを仁淀川で過ごしてきました。子供のころは遊び場、漁を仕事に選んでからは、この川の流れが私の会社です。

勤続半世紀。不漁という名の不況とは、いつも背中合わせでした。役職手当も失業保険もない不安定な世界です。しかし、一生懸命働いたご褒美として、大漁というボーナスも幾度となくいただきました。仁淀川は私にとって生き甲斐、いや、人生そのものです。

縁あって、そんな暮らしや川の生き物、漁のことをアウトドア雑誌の『ビーパル』誌上で2年間お話しさせていただきました。自然の好きな人たちと話をするのはなかなか楽しいもので、やれ文化の記録じゃ、漁師ならではの生物学じゃなどと乗せられるうち、ほんまは明かしとうない、企業秘密に匹敵する漁のコツまでベラベラと喋らされてしまいました。しもうた、とも思いましたが「宮崎は三途（さんず）の川に行っても、ひとりだけごっそり魚を獲る気じゃ」と陰口を叩かれるのもかなわんので、あえて公開した次第です。

私が考えるに、漁の技術は勘です。その勘の元となるのは、はじめにも言いましたが、生き物の習性を知ることです。よく知るうえで大切なのは、とにかく好きになること。というても魚だけが好きではいかんのです。鳥や虫などを含めた季節との関係まで興味を持たねば、知恵は膨らみません。川漁は、人から人へ伝えられていく技術ですが、あるところから先は独学です。私は親父の影響で魚と漁が好きになりました。しかし、今持つ技術のうち親父から受け継いだものは、3割5分から4割でしょう。残りは自分の目や経験から得た方法なりアイデアです。皆さんが日頃楽しんでいる釣りや自然観察も、突き詰めれば漁と同じではないかと私は思います。本や図鑑の知識と、自分の目と経験でつかんだ技術、知識が合わさって、はじめて実のあるものになる。川漁や遊びだけの話ではありません。どんな職業、学業にも当てはまる物事の基本のように思います。

近年、川漁師という職業が全国的にうんと減りました。おかげで今、私のような者までが世間から珍しがられております。川は悪うなったといいますが、仁淀川に限っていえば最悪の時期は脱しつつあるように思います。流域市町村では下水整備がかなり進みました。無茶な開発計画には住民が遠慮なしに物言いをつけます。そういう時代です。途中、ダムができたのは残念でしたが、本州の川ほど痛い打撃を受けておらず、少なくとも私の住む越知（おち）町から下流では、アユやウナギ、カニらが今も川と海を行き来しよります。

私の孫らが大人になるころも、川漁師という職業がちゃんと残っている。そういう川であってほしいし、仁淀川には十分可能性があると思いますが、それはこれからの守り方次第です。この本が、昔に近い川を取り戻すうえでなんらかのお役に立つきっかけになれば、仁淀の流れで暮らしを立ててきた者として、これ以上の喜びはありません。

## あとがき

かくまつとむ

取材対象との出会いは運に尽きる。宮崎弥太郎さんと知り合うきっかけも、まったくの運だった。『ビーパル』の兄弟誌に『ラピタ』という雑誌があった。ある初夏、私はその月刊誌で《懐かしい大人の夏休み》というページを担当した。読者が思わず行きたくなる清流で天然ウナギを食してこい。ただし四万十川のような有名どころでなく、もっと穴場的なところを、という指令。こんなとき国民休暇県を名乗る高知県はポイントが高い。迷わず選んだ〝伏兵〟は、かつて建設省（現・国土交通省）が日本一の水質と発表したこともある仁淀川だった。一度遊んだことがあってロケーションは確認済み。しかし、天然ウナギの調達となると心許ない。そこで漁協にウナギ漁をしている漁師を紹介してもらうことにした。たまたま電話口に出たのが、当時、漁協役員を務めていた宮崎さんだった。

「仁淀のウナギをですね、2～3匹、なんとか調達していただけないでしょうか」

天然ウナギといえば、東京あたりの鰻屋さんでは幻という形容詞がつくぐらいなので、私は恐る恐る尋ねた。少しの沈黙があり、宮崎さんはこう言った。

「うーん、2～3匹のう……」

返事が渋い。仁淀川でも、もはや天然ウナギは高嶺の花なのか。

「やっぱり無理ですかねえ」

「いや、たった2～3匹でえいがかと思うて。20～30ばあ獲るがはわけないがね」

このやりとりが出会いの発端だ。船に乗せてもらって驚いたことは、その漁のじつにシステマティックなことであった。漁具や設備のノウハウのひとつひとつに、深いこだわりと奇想天外な工夫がある。しかもこの人は、それを「長年の勘」とか「経験」という抽象的な言葉ではなく、すべて論理的に説明できる。目配りの範囲も、ウナギ、アユ、ツガニといった換金性の高い魚種だけでなく、フナやゴリ、ナマズ、オコゼ（アカザ）などの雑魚まで行き届いている。どの世界にも練達はいるが、勘どころを平明に、しかも借り物の知識でなく自分の言葉で的確に語れる人は少ない。その意味で宮崎弥太郎さんという希有な人材に出会えたことは、文章記録を業とする者としてたいへん幸運なことであった。

この本は、仁淀川が育んだ生活文化の記録であると同時に、川漁師という生き物のプロが職業的嗅覚と観察眼で綴った、一種の応用生態学集として読むこともできる。川のあるべき姿についても、宮崎さんは漁師の率直な感想として随所で触れている。

災害予防に名を借りた経済活性策としての土木工学と、イデオロギッシュな環境論がぶつかっている間は、河川行政は進歩しない。21世紀の川のありかたという第三の方向性を模索するときに注目すべきは、やはり宮崎さんたちのような、川と静かに共生してきた生活者の生の声であり、自然観であると思う。

# 文庫化によせて

かくまつとむ

「弥太さん自慢ばなし」は雑誌連載時から大きな反響を呼んだ名物企画だったが、『仁淀川漁師秘伝』という単行本になったことで川遊びや生き物好きな人たちのバイブルに昇華した感がある。川漁師を目指しているというある若者は、この本に書かれている考え方を手本に生き物との駆け引きの方法を日々模索しています、と語った。自然体験や川の保全活動をしている人たち、魚類の研究者にもファンは多く、いつか仁淀川へ行って憧れの弥太さんに会ってみたいと楽しみにしていた。中には弟子にしてほしいと突然押しかけ、そのまましばらく宮崎家に厄介になってしまった読者もいるそうである。

いつも快活で、誰からも慕われていた弥太さんは、2007年に亡くなった。入院したのはフナの乗っ込みが始まる頃だ。私がフナの煮付け、とりわけ粟子（卵巣）が好きなことをよく覚えていて、降りしきる雨を窓辺から見ながら「田んぼへフナを押さえに行かにゃあいかん。かくまさんに粟子を食べさしちゃらんと」と語っていたという。

のべ2年以上に及んだ取材では、私も助手となってウナギやツガニの仕掛けの上げ下ろしを手伝った。このまま川漁師に転職するのも悪くないと考えたこともあったが、弥太さんが持つ知識・経験の引き出しの数と奥行き、そして獲物に対する執念にはとても追い付けそうにない。そのことがしみじみとわかったので、弥太さんのような自然と対話ができる人々に会って話を聞き、記録にまとめることで上手の域を目指そうと決意した。その道はまだ険しいが、ひとまずは細々ながら文章で糧を得る生活を送っている。

聞き書きとは、膨大な会話を文章の体裁に削り込んでいく彫刻のような作業である。いつも苦労するのは方言のさじ加減だ。とりわけ土佐弁は言い回しが独特で表記も難しい。忠実にすればするほど他県の人には伝わりにくくなるジレンマがある。連載時はそのあたりを意識して平板な書き方にした。単行本化の際も倣ったが、よそ者の仕事ゆえにぎくしゃくとした感じはぬぐえず、地元高知の人には一部不評であった。そこで今回の文庫化では方言考証を入れた。引き受けてくれたのは『日本国憲法前文　お国ことば訳』という著書もある山本明紀さん。高知県在住で、偶然なことに弥太さんの親戚筋でもある。おかげで校正の黙読作業では、弥太さんが降臨して語っていると錯覚するほどであった。

また、この聞き書きでは多くの人にお世話になった。共に仁淀川を上流から河口まで何度も往来した高知在住の写真家・前田博史さん。いつも細密な生物イラストを描いてくれた故・遠藤俊次さん。ビーパル連載当時の編集長で、弥太さんとの出会いをきっかけに定年後は高知県へ移り住んでしまった元小学館の黒笹慈幾さん。単行本を作ってくれた秋窪俊郎さんはじめ当時の担当編集の皆さん。そしてこの作品に再び光を当ててくれた山と溪谷社の鈴木幸成さんには、改めて御礼を申し上げます。

＊『仁淀川漁師秘伝』は二〇〇一年に小学館より初版が刊行されました。本書は、二〇〇三年に刊行された第五版を底本として、大幅に加筆・訂正し、再編集したものです。

宮崎弥太郎（みやざき・やたろう）一九三三年生まれ。中学卒業と同時に漁師として仁淀川に〝就職〟する。流域では数少ない職漁者であり、生き物の習性や自然全般に通じた川の生き字引的な存在として、一目置かれた。愛称は「弥太さん」。二〇〇七年没

かくまつとむ（かくま・つとむ）一九六〇年、茨城県生まれ。アウトドアライター、ネイチャージャーナリスト。立教大学兼任講師。主な著書に『鍛冶屋の教え』（小学館）、『はたらく刃物』（ワールドフォトプレス）、『野山の名人秘伝帳――ウナギ漁、自然薯掘りから、野鍛冶、石臼作りまで』『糧は野に在り：現代に息づく縄文的生活技術』（農山漁村文化協会）、『奥利根の名クマ猟師が語る――モリさんの狩猟生活』（山と溪谷社）などがある

イラスト＝遠藤俊次　写真＝前田博史、藤田修平（オコゼ釣り）　方言考証＝山本明紀　校正＝五十嵐柳子　カバーデザイン＝草薙伸行（PLANET PLAN DESIGN WORKS）　本文ＤＴＰ＝株式会社千秋社　編集＝鈴木幸成（山と溪谷社）

# 仁淀川漁師秘伝～弥太さん自慢ばなし

二〇二〇年五月二〇日　初版第一刷発行

著者　宮崎弥太郎、かくまつとむ
発行人　川崎深雪
発行所　株式会社　山と溪谷社
郵便番号　一〇一－〇〇五一
東京都千代田区神田神保町一丁目一〇五番地
https://www.yamakei.co.jp/

■乱丁・落丁のお問合せ先
山と溪谷社自動応答サービス　電話〇三－六八三七－五〇一八
受付時間／十時～十二時、十三時～十七時三十分（土日、祝日を除く）
■内容に関するお問合せ先
山と溪谷社　電話〇三－六七四四－一九〇〇（代表）
■書店・取次様からのお問合せ先
山と溪谷社受注センター　電話〇三－六七四四－一九一九
ファクス〇三－六七四四－一九二七

フォーマット・デザイン　岡本一宣デザイン事務所
印刷・製本　株式会社暁印刷

定価はカバーに表示してあります


Printed in Japan ISBN978-4-635-04880-4